全国高等职业教育机电类专业"十二五"规划教材

电 工 技 术 及 应 用

王成安　李冬冬　主　编

贾厚林　王　超　副主编

王　春　荆　珂　参　编

杨俊伟　主　审

U0337006

中国铁道出版社

CHINA RAILWAY PUBLISHING HOUSE

内 容 简 介

本书是根据教育部制定的《高职高专教育电工技术基础课程教学基本要求》编写的,在结构、内容安排等方面,力求全面体现高等职业教育的特点,满足当前教学的需要。

全书共分 18 个任务。任务 1 介绍实训室配电系统和安全用电常识;任务 2～任务 6 介绍电工仪表、电工测量的基础知识和电路的基本概念与基本定律;任务 7～任务 16 讲述电路分析的基础知识和测量方法,包括电路定律与分析方法、正弦交流电路、三相交流电路和电路的动暂态过程;任务 17 讲述互感电路的分析与测量方法;任务 18 从电路内容过渡到磁路与变压器,为学习电机理论奠定基础。书中有丰富的例题、思考题和习题,并配有相应的技能训练,有利于学生加强训练、巩固概念、掌握解题技巧。

本书适合作为高职高专院校机电类专业或其他非电类专业的电工技术课程的教材,也可作为工厂电工技术培训教材。

图书在版编目(CIP)数据

电工技术及应用 / 王成安,李冬冬主编 . 一北京:
中国铁道出版社,2012.7
全国高等职业教育机电类专业"十二五"规划教材
ISBN 978-7-113-14115-8

Ⅰ.①电… Ⅱ.①王… ②李… Ⅲ.①电工技术一高
等职业教育一教材 Ⅳ.①TM

中国版本图书馆 CIP 数据核字(2012)第 001187 号

书　　名:电工技术及应用			
作　　者:王成安　李冬冬　主编			

策　　划:王春霞		读者热线:400-668-0820
责任编辑:秦绪好		
编辑助理:陈　庆　卢　昕		
封面设计:刘　颖		
责任印制:李　佳		

出版发行:中国铁道出版社(100054,北京市西城区右安门西街 8 号)
网　　址:http://www.51eds.com
印　　刷:北京海淀五色花印刷厂
版　　次:2012 年 7 月第 1 版　　2012 年 7 月第 1 次印刷
开　　本:787mm×1092mm　1/16　印张:13.5　字数:321 千
印　　数:1～3 000 册
书　　号:ISBN 978-7-113-14115-8
定　　价:28.00 元

版权所有　侵权必究

凡购买铁道版图书,如有印制质量问题,请与本社教材图书营销部联系调换。电话:(010)63550836

打击盗版举报电话:(010)63549504

　　高等职业技术教育是高等教育的一个重要组成部分，其目标是培养具有高尚职业道德、具有大学专科理论水平以及较强技术应用能力和操作动手能力、工作在职业现场第一线的技术人员和管理人员。由于培养目标的差异，高等职业技术院校的教学模式与普通理、工科院校都有明显差异，那就是在教学过程中特别注重学生职业岗位能力的培养，注意职业技能的训练，注重学生解决问题能力和自学能力的培训。

　　电工技术是电类和非电类专业电工教学内容的重要组成部分。随着高等职业教育改革的不断深入，传统的学科体系式教材已经越来越不能适应高等职业教育的培养目标。也应按教学改革精神进行相应的改革，以体现职业教育的特点，突出以能力培养为中心的培养目标。

　　本书内容的叙述上，力图用实际问题引导，从实践或实例入手，先学习有关技术的应用，然后再学习比较抽象的理论，并用它解决实际问题，使重要的电工理论都在明确的实际背景下展开。所有的教学内容都是在教、学和做相结合的情况下展开的。课程教学尽可能在实验室或实训教室现场进行，教师必须同时熟悉理论和实际操作，并把两者紧密结合起来。在课堂教学形式上，教师应努力避免将理论课、实训课、习题课和答疑课等课型割裂开来的传统教学方式，探索将它们有机地结合起来，创造生动活泼的课堂教学新局面。把高职教学建立在新的建构基础上，探索建立以学生为主体、以能力为中心、以分析和解决实际问题为目标的新的教学模式。

　　本书是按照 60~80 学时要求的内容编写的，任课教师可根据各专业的特点和学时数，灵活取舍有关内容。

　　本书由王成安、李冬冬担任主编并负责全书统稿，由贾厚林、王超任副主编，由王春、荆珂参与编写，杨俊伟主审。对于书中出现的不妥和疏漏之处，敬请广大读者批评指正。

编　者

2012 年 4 月

目录

任务 ①

➡ 电工实训室的认识与安全用电技术

电作为现代生活的重要组成部分，已经是众所周知。几百年来，人们在使用电的实践过程中，不断研究电的运动特点和规律。到目前为止，人类已经基本上掌握了电的运动规律，可以让电按照人们的意志工作。通过对电工技术课程的学习，能让同学们逐步了解、理解电的运动特点和规律，并将其应用到日常生活和生产中去。

对电的认识需要先从电能的使用入手，我们要学会测量常用电源的外部特征，然后再去研究它的内在规律。由于电能在使用过程中存在一定的危险性，因此我们要先学会如何安全用电和用电的防护措施，再去合理地使用和测量电能。

任务目标

- 了解发电、输电和配电过程。
- 了解电工实训室的电源配置。
- 熟悉实训室操作规程及安全用电的规定。
- 学会测电笔的使用。
- 学会安全用电技术。
- 学会触电急救和电气火灾急救。

任务描述

指导教师通过对电工实训室电源的介绍，让学生掌握安全用电技术和电气防护、急救技术。

知识链接

一、发电、输电和配电

电能是由发电厂发出来的。发电厂按照所利用的能源种类的不同可分为水力发电厂（水电站）、火力发电厂、原子能发电厂（核电站）、太阳能发电厂、风力发电厂等。

电可分为交流电和直流电，发电厂发出的电为交流电。

发电厂距离用电的地方往往很远，这就需要把电能输送到用电的地方。成熟的输电技术是高压输电，即在发电厂或变电站升压后，把电力输送到用电地区的降压变电站，这样可降低电能损耗。输电电压越高，电能损耗越小，但越不安全，设备制造及维护成本也越高。

人们日常生活和工业生产用的电大多为交流电，电压为 220 V（单相）/380 V（三相），俗称低压，高于 380 V 的电压俗称高压。这样做主要是考虑到用电安全，电压越低越安全，但电压越低则损耗越大。所以，高压输送的电能，要通过变电站变成较低一级的电压，再经配电线路将电能送往用户。图 1-1 为从发电厂到用户的送电过程示意图。

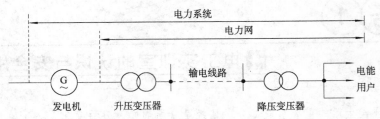

图 1-1　从发电厂到用户的送电过程示意图

二、实训室的电源和常见仪表、工具的认识及使用

1. 实训室的电源和常见仪表（实训室配电盘）的认识

我国工业生产、居民生活用电是采用"三相四线制"供电的交流电，即三根相线（俗称火线）（相线带电，用测电笔测电氖管发光），一根中性线（中性线不带电，用测电笔测电氖管不发光，俗称零线）。任意一根相线与中性线之间的电压为 220 V，居民生活用电电压多为 220 V；任意两根相线之间的电压为 380 V，工业生产电器用电电压多为 380 V。实训室所用电源电压为 220 V/380 V 的交流电。

实训室配电盘一般由电源开关（闸刀开关或空气开关）、熔断器、仪表盘等组成，如图 1-2 所示，黄、绿、红导线为相线，黑色导线为中性线。四块仪表最右侧的是交流电压表，左上角有 V 字样，其余三块是交流电流表，左上角有 A 字样。

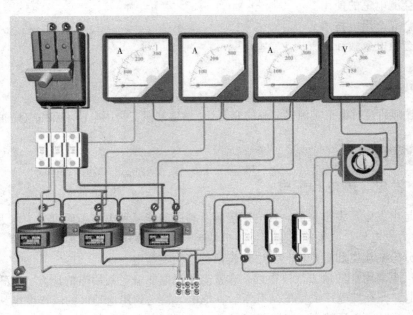

图 1-2　配电盘

2. 测电笔

测电笔（又称试电笔、验电笔、低压验电器），是一种能直观地确定测试导线、电器和电气设备是否带电的常用工具，如图 1-3 所示。

1）测电笔的结构

常用的测电笔由金属探头、电阻器、氖管、透明绝缘套、弹簧、挂钩等组成，如图 1-4 所示。测电笔的结构及其测试等效电路如图 1-5 所示。

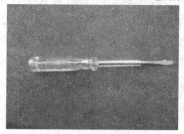
图 1-3　测电笔

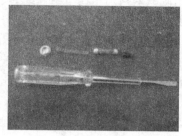
图 1-4　测电笔的组成

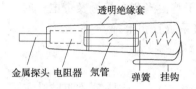
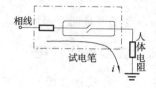
图 1-5　测电笔的结构及其测试等效电路

如果把测电笔的金属探头与带电体接触，笔尾金属体与人手接触，形成一个回路，那么氖管就会发光，而人并无触电感觉。所以氖管发光证明被测物体带电，氖管不发光证明被测物体不带电。

2）测电笔的握法

测电笔的握法如图 1-6 所示。

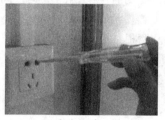
（a）正确

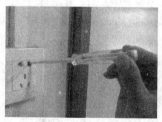
（b）错误

图 1-6　测电笔的握法

3）测电笔的使用

当金属探头接触测试物体时，测电笔上的氖管亮就说明测试物体带电，而测试物体不带电时测电笔上的氖管就不会亮，如图 1-7 所示。

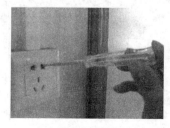
（a）带电（氖管亮）

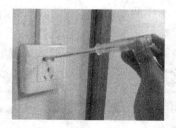
（b）不带电（氖管不亮）

图 1-7　测电笔判别电路是否带电

测电笔的应用主要有：

① 用测电笔判别相线与中性线。当测电笔触及导线金属芯时如果氖管亮，该导线就是相线；如果氖管不亮，该导线是中性线。图 1-7 中两孔电源插座就符合"左零右火"的要求。

② 用测电笔判别交流电与直流电。交流电通过测电笔时，氖管里的两个极同时发亮。直流电通过测电笔时，氖管里的两个极只有一个极发亮。

③ 直流电正、负极的区别。把测电笔连接在直流电正、负极之间，氖管两电极中发亮的一端为正极。

④ 设备漏电。用测电笔触及电气设备的壳体（如电动机、变压器的外壳），若氖管发亮，则说明该设备有漏电现象。

⑤ 线路接触不良或不同电气系统互相干扰。当测电笔触及带电体时，若发现氖管闪烁，则可能线头接触不良或者是两个不同的电气系统互相干扰。

三、实训室安全操作规程

电工必须接受安全教育；患有精神病、癫痫、心脏病及四肢功能有严重障碍者，不能参加电工操作。在安装、维修电气设备和线路时，必须严格遵守各种安全操作规程和规定。

1. 带电操作、检修的安全操作规程

① 带电作业的人员必须穿好工作衣，扣紧袖口，严禁穿背心、短裤进行带电工作。

② 带电检修的电工应带绝缘手套，穿绝缘鞋，使用有绝缘柄的工具，同时应由一名有带电操作实践经验的人员在周围监护。

③ 在带电的线路上工作时，人体不得同时触及两根线头。导线与导线未采取绝缘措施时，工作人员不得穿越导线。

④ 带电操作前应分清相线和中性线。断开导线时应先断开相线，后断开中性线；搭接导线时应先接中性线，后接相线。

2. 停电检修的安全操作规程

① 将需要检修的设备停电，并切断所有相关电源，在已断开的开关处挂上"禁止合闸，有人工作"的警示牌，必要时加锁，并采取如下预防措施，如图 1-8 所示。

    a. 穿上电工绝缘胶鞋。

    b. 站在干燥的木凳或木板上。

    c. 不要接触非木结构的建筑物体。

    d. 不要同没有与大地隔离的人体接触。

② 需检修的设备或线路断电后，对装载有电力电容器的设备或电缆线路应装设携带型临时接地线并用绝缘棒放电，再用测电笔对需检修的设备或线路进行验电，验明确实无电后方可着手检修。

图 1-8 电工安全预防措施

③ 检修完毕后应拆除携带型临时接地线并清理好工具及所有零角废料，待各点检修人员全部撤离后摘下警示牌、装上熔断器插盖，最后合上电源总开关恢复送电。

四、触电对人体的伤害及常见触电类型

1. 触电对人体的伤害

电的危害主要有：触电、火灾、爆炸、电磁场的危害等，其中最常见的、伤害数量最多的是触电。人体触电轻则肢体受到损伤，重则丧失生命。据统计资料表明，我国每年因触电而死亡的人数，约占全国各类事故总死亡人数的 10%，仅次于交通事故。随着电气化的发展，生活用电的日益广泛，发生人身触电事故的机会也相应增多。

触电对人体的危害程度，与通过人体的电流强度，通电持续时间、电流频率、电流通过人体的途径以及触电者的身体状况等多种因素有关。

① 电流强度越大，对人体的伤害越大；在一般情况下，以 30 mA 为人体所能忍受而无致命危险的最大瞬时电流，即安全电流。

② 电流通过人体的持续时间越长，对人体的危害越大。30 mA 的电流超过 3 s 也可致人死亡。

③ 频率在 30~50 Hz 的交流电对人体伤害最大，频率更低或者更高伤害减弱，直流电比交流电的伤害小。

④ 电流通过人体的途径方面，电流通过心脏会引起心室颤动，使心脏停止跳动而导致死亡；电流通过中枢神经及有关部位，会引起中枢神经强烈失调而导致死亡；电流通过头部，严重损伤大脑，也可能使人昏迷不醒而死亡；电流通过脊髓会使人截瘫；电流通过人的局部肢体也可能引起中枢神经强烈反射而导致严重后果。

⑤ 触电者的性别、年龄、健康情况、精神状态都会对触电后果产生影响。患有心脏病、中枢神经系统疾病、肺病的人电击后的危险性较大；精神状态不良、醉酒的人触电的危险性较大；妇女、儿童、老人触电的后果比青壮年严重。

2. 常见的人体触电的形式

触电的原因主要有两方面：一方面是设备、线路的问题，如接线错误，特别是插头、插座接线错误造成过很多触电事故；由于电气设备运行管理不当，使绝缘损坏而漏电，又没有采取切实有效的安全措施，也会造成触电事故。另一方面是人为因素。大量触电事故的统计资料表明，有 90% 以上的事故是由于人为造成的。其主要原因是由于安全教育不够、安全制度不严和安全措施不完善、操作者素质不高等。

1）单相触电

单相触电是指人体的一部分接触一相带电体所引起的触电。通过电源插座或导线、接触没有绝缘皮或绝缘不良（如受潮、接线桩头包扎不严）的导线及与导线连通的导体、用电器金属外壳带电（俗称漏电）等是引起单相触电的常见原因，如图 1-9 所示。

单相触电又可分为中性线接地和中性线不接地两种情况。

① 中性点接地电网的单相触电。在中性点接地的电网中，发生单相触电的情形如图 1-9（a）所示。这时，人体所触及的电压是相电压，在低压动力和照明线路中为 220 V。电流经相线、人体、大地和中性点接地装置而形成通路，触电的后果往往很严重。

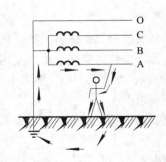 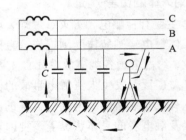

（a）中性点接地系统的单相触电　　　　　　（b）中性点不接地系统的单相触电

图 1-9　单相触电示意图

② 中性点不接地电网的单相触电。在中性点不接地的电网中，发生单相触电的情形如图 1-9（b）所示。当站立在地面的人手触及某相导线时，由于相线与大地间存在电容，所以，有对地的电容电流从另外两相流入大地，并全部经人体流入到人手触及的相线。一般说来，导线越长，对地的电容电流越大，空气湿度越大，其危险性越大，最高可接近 380 V 线电压。

2）双相触电

双相触电是指人体有两处同时接触交流电源的任何两相时的触电，如图 1-10 所示。安装、检修电路或电气设备时没有切断电源，容易发生这类触电事故。两相触电比单相触电更危险，因为此时加在人体上的线电压是 380 V。

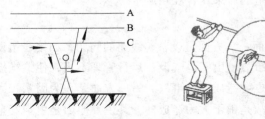

图 1-10　双相触电示意图

3）跨步电压触电

当电气设备的绝缘损坏或线路的一相断线落地时，落地点的电位就是导线的电位，高压（6 kV 以上）带电体断落在地面上，在接地点的周围会存在强电场，电流就会从落地点（或绝缘损坏处）流入地中。离落地点越远，电位越低。如果有人走近导线落地点附近，由于人的两脚电位不同，则在两脚之间出现电位差，这个电位差称为跨步电压。离电流入地点越近，则跨步电压越大；离电流入地点越远，则跨步电压越小；根据实际测量，在离导线落地点 20 m以外的地方，由于入地电流非常小，地面的电位近似等于零。当发现跨步电压威胁时应赶快把双脚并在一起，或赶快用一条腿跳着离开危险区，否则，因触电时间长，也会导致触电死亡，如图 1-11 所示。

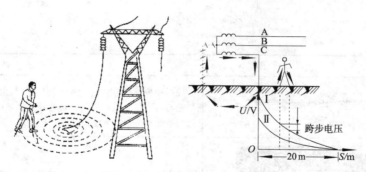

图 1-11　跨步电压触电示意图

五、电气火灾产生的主要原因

1. 电气设备过热或使用不当

电气设备工作时会发热主要是电流的热效应造成的：因为设备的电路中存在电阻，当电流通过电阻时就会产生热量，这就是电流的热效应。电流的热效应使设备温度升高，当温度过热超过设备内部或周围材料的燃点时就可能引发火灾。

电气设备过热或使用不当的常见种类如表 1-1 所示。

表 1-1　电气设备过热或使用不当的常见种类

原　因	示　意　图	说　　　明
短路		导线不经过负载而直接连接在电源两端称为短路。线路发生短路时，线路中的电流将增加很多，设备温度急剧上升，如果温度达到材料的燃点；就会引起燃烧。发生短路的原因很多： ① 电气设备载流部分的绝缘损坏：设备长期运行，绝缘自然老化；设备本身不合格，绝缘强度不符合要求；绝缘受外力损伤。 ② 运行中错误操作造成弧光短路。 ③ 有时小动物误入带电间隔也会造成短路等
过负荷		电流或电压超过设备的额定电流或电压称为过负荷。 如果导线截面和设备选择不合理，运行中电流超过设备的额定值，都会引起电气设备总功率过大，当保护装置不能发挥作用时，导线过热就会烧坏绝缘层引起火灾
电加热设备使用不当		电加热设备有电熨斗、电烙铁、家用电炉、工业电炉等。这些设备表面温度很高，可达数百摄氏度甚至更高。当这些设备碰到可燃物，会很快燃烧起来。如果这些设备在使用中无人看管或者下班时忘记切断电源，放在可燃物上（如电熨斗放在衣服上）或易燃物附近非常危险；另外，如果这些设备电源线过细，运行中电流大大超过导线允许电流，或者不用插头而直接用线头插入插座内、插座电路无熔断装置保护等，都会因过热而引发火灾事故。白炽灯用纸做灯罩，或白炽灯过分靠近易燃物等，往往会引起火灾

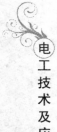

原 因	示 意 图	说 明
导线接触不良		导线接头连接不牢固、触头（开关、熔丝、接触器、插座、灯泡与灯座等）接触不良，都会导致接触电阻增大，电流通过时造成接头过热或触头打火引起火灾
散 热不 良		设备的散热通风设施遭到破坏或使用不当，例如仪器工作时遮挡灰尘的罩布应拿开，如果设备运行中产生的热量不能有效地散掉，同样会造成设备过热

2. 电火花和电弧

在生产和生活中，电气设备正常运行或正常操作时产生电火花和电弧是常见的现象。如电动机电刷与滑环接触处在正常运行中就会有电火花；开关断开电路时，会产生很强的电弧；拔掉插头或接触器断开电路时有电火花发生。当然如果电路发生短路或接地事故时产生的电弧更大；设备绝缘不良、电器闪烁等也都会有电火花、电弧产生。电火花、电弧的温度很高，特别是电弧温度可高达 6 000 ℃。这么高的温度不仅能引起可燃物燃烧，还能使金属熔化、飞溅，是非常危险的火源。

六、安全用电知识与技能

1. 预防触电的措施与触电急救

1）预防触电的措施

为了更好地使用电能，防止触电事故的发生，必须加强安全用电常识的教育，普及安全用电知识，以便更好地掌握安全用电的方法，使用各种电气设备时严格遵守操作规程。

① 各种电器的金属外壳，必须加装良好的保护接零或保护接地，如图 1–12 所示。

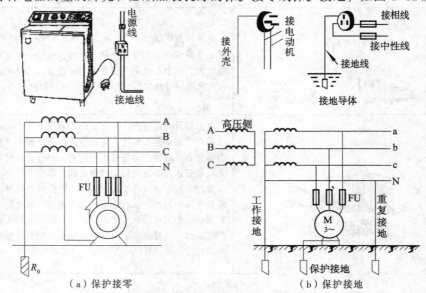

图 1–12 用电器保护接零

保护接零就是把电气设备在正常情况下不带电的金属部分与电网的中性线连接起来。保护接零适用于电网中性点接地系统。居民生活用电常用保护接零。

保护接地就是将电气设备的金属外壳接地，适用于中性点不接地的低压系统。工业生产用的电气设备常用保护接地。

② 随时检查电器内部电路与外壳间的绝缘电阻，凡是绝缘电阻不符合要求的，应立即停止使用。电器使用前要仔细查看电源线及插头。

③ 各种电气设备的安装必须按照规定的高度和距离施工，相线与中性线的接线位置要符合"左零右火"的用电规范。

④ 刀闸开关的电源进线必须接静触头，保证拉闸后线路不带电。刀闸开关需垂直安装，并使静触头在上方，以免拉闸后自动闭合造成意外。

⑤ 低压电路应采取停电检修安全工作方式。检修前在相线上安装好临时接地线。在操作时，应视同带电操作。

⑥ 带电维修时，必须严格执行带电操作安全规程，做好对地绝缘，进行单线操作。如采用绝缘手套、绝缘靴，或站在绝缘垫、绝缘站台上。

⑦ 电器发生火灾时，应先切断电源，不要用水去灭火。

⑧ 危险的带电设备应外加防护网，以防与人体接触。

⑨ 定期检查各种电气设备，尤其是移动式电气设备，如发现电气设备或导线的绝缘部分破损，要及时更换防止漏电。

⑩ 不要在电线或设备上晾晒衣物，不要用湿抹布擦导线，防止线路和电器受潮。

⑪ 电线断线落地时，不要靠近，对于 6～10 kV 的高压线路，应离开落地点 20 m 远。更不能用手去捡电线，应派人看守，并赶快找电工停电修理。

⑫ 安装漏电保护器。漏电保护为近年来推广采用的一种新的防止触电的保护装置。在电气设备中发生漏电或接地故障而人体尚未触及时，漏电保护装置已切断电源；或者在人体已触及带电体时，漏电保护器能在非常短的时间内切断电源。

2）触电急救

触电事故的发生具有很大的偶然性和突发性，令人猝不及防。如果延误急救时机，死亡率是很高的。但如果防范得当，仍可最大限度地减少事故的发生，即使在触电事故发生后，若能及时采取正确的救护措施，死亡率亦可大大地降低。所以触电急救必须分秒必争，立即就地进行抢救，并坚持不断地进行，同时及早与医疗部门联系，争取医务人员接替救治。在医务人员未接替救治前，不应放弃现场抢救，更不能只根据没有呼吸或脉搏擅自判定伤员死亡，放弃抢救。只有医生有权做出伤员死亡的诊断。

若发现有人触电，切不可惊慌失措，应先使触电者尽快脱离电源。

（1）对于低压触电事故采取的断电措施

脱离低压电源可用"拉"、"拔"、"切"、"挑"、"拽"、"垫"六个字来概括。

拉：指就近拉开电源开关。但应注意，普通的电灯开关只能断开一根导线，有时由于安装不符合标准，可能只断开中性线，而不能断开电源，人身触及的导线仍然带电，不能认为已切断电源，如图 1-13（a）所示。

拔：就是把电源线插头拔出插座。

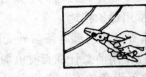

（a）拉开开关或拔掉插头　　　　（b）切断电源线

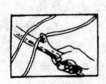

（c）挑、拉电源线　　　　（d）拉开触电者

图 1-13　脱离电源的方法

切：当电源开关距触电现场较远，或断开电源有困难，可用带有绝缘柄的工具切断电源线。切断时应防止带电导线断落触及其他人，如图 1-13（b）所示。

挑：当导线搭落在触电者身上或压在身下时，可用干燥的木棒、竹竿等挑开导线，或用干燥的绝缘绳套拉导线或触电者，使触电者脱离电源，如图 1-13（c）所示。

拽：救护人员可戴上手套或在手上包缠干燥的衣物等绝缘物品拖拽触电者，使之脱离电源。如果触电者的衣物是干燥的，又没有紧缠在身上，不至于使救护人直接触及触电者的身体时，救护人才可用一只手抓住触电者的衣物，将其拉开脱离电源，如图 1-13（d）所示。

垫：如果触电者由于痉挛，手指紧握导线，或导线缠在身上，可先用干燥的木板塞进触电者的身下，使其与地绝缘，然后再采取其他办法切断电源。

（2）对于高压触电事故采取的断电措施

① 立即通知有关部门停电。

② 戴上绝缘手套，穿上绝缘鞋，用相应电压等级的绝缘工具拉开开关。

③ 若不可能迅速切断电源开关的，可采用抛挂足够截面的适当长度的金属裸线短路方法，使电源开关跳闸。抛挂前，将短路线一端固定在铁塔或接地引下线上，另一端系重物，但抛掷短路线时，应注意防止电弧伤人或断线危及人员安全。不论是何级电压线路上触电，救护人员在使触电者脱离电源时要注意防止发生高处坠落的可能和再次触及其他有电线路的可能。

（3）注意事项

上述触电者脱离电源的办法应根据具体情况，以加快为原则选择采用。另外，在实践过程中也要遵循以下原则：

① 断电操作人员不可直接用手或其他金属及潮湿的物体作为断电工具，而必须使用适当的绝缘工具。断电时要用一只手操作，以防自己触电。

② 防止触电者脱离电源后可能发生的摔伤，特别是当触电者在高处的情况下应考虑防摔措施。即使触电者在平地，也要考虑触电者倒下的方向，注意防摔。

③ 如果事故发生在夜间，应迅速解决临时照明，以利于抢救并避免扩大事故。

2. 电气火灾的预防与火灾急救

1）电气火灾的预防

在各类生产和生活场所，广泛存在着可燃的物质，如可燃气体、可燃粉尘和纤维等。当这些可燃物质在空气中的含量超过其危险浓度或遇到电气设备运行中产生的火花、电弧等高温时，可燃物质就会被引燃从而发生电气火灾事故。电气火灾的预防方法如下：

① 排除可燃、易爆物。保持良好通风，使现场可燃、易爆的气体、粉尘和纤维浓度降低到不至于引起火灾和爆炸的限度内。加强可燃物的密封，减少和防止可燃物泄漏。

② 排除电气火源。在设计安装电气装置时，应严格按照防火规程的要求来选择、布置和安装电气装置。对运行中能产生火花、电弧和高温危险的电气设备和装置，不应放置在易燃易爆的危险场所。必须在易燃、易爆场所安装的电气设备，应采用密封的防爆电器。

③ 电加热设备的火灾预防。正在使用的电加热设备必须有人看管，人离开时切断电源。电加热设备必须装在陶瓷或耐火砖等耐热、隔热材料内，使用时远离易燃和可燃物。电加热设备在导线绝缘损坏或没有过载电流保护时，不得使用。

④ 选择合适的导线和电器。电源线的安全载流量必须满足电气设备的容量要求，当电气设备增多、电功率过大时，应及时更换原有电路中不合要求的导线及有关设备。

⑤ 选择合适的保护装置。电路中要装设熔断器或自动空气开关。

⑥ 选择绝缘性能好的导线。对热能电器应选用棉织物护套线绝缘。

⑦ 处理好电路中的连接处。电路中的连接处要连接牢固，接触良好，避免短路。

⑧ 正确选择产品的类型。必须根据使用场所的特点，正确选择产品的类型。如在户外应安装防雨式灯具，在有易燃、易爆气体的车间、仓库内，应安装防爆灯。

⑨ 安装设备时应留有一定的安全距离。如荧光灯线路不要紧贴在天花板或木屋顶上，应有一定的安全距离，并且镇流器上的灰尘要定期清扫，以利散热。

⑩ 发现损坏及时更换。如线路老化绝缘层被破坏或灯具有损坏时应及时更换。

2）电气火灾急救

① 发现电子装置、电气设备、电缆等冒烟起火时，要尽快切断电源。

② 使用沙土或专用灭火器进行灭火，绝对不能用水灭火。

③ 在灭火时避免将身体或灭火工具触及导线或电气设备。

④ 若不能及时灭火，应立即拨打 119 报警。

七、触电人员脱离电源后的现场急救

人触电以后会出现神经麻痹，呼吸中断，心跳停止，昏迷不醒等症状。但不论出现何种症状，都应该按假死处理，进行迅速而持久的抢救，以免错过时机，造成无可挽回的损失。曾有触电者经过 4 h 以上的连续抢救，最后得救的事例。据国外资料统计，触电后 1 min 开始抢救者，90%有良好效果；触电后 6 min 开始抢救者，10%有良好的效果；而触电后 12 min 开始抢救者，救活的可能性就很小了。所以，触电者脱离电源后，应立即就近移至干燥通风处，再根据情况迅速进行现场救护，同时应通知医务人员到现场。

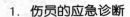

1. 伤员的应急诊断

脱离电源后，触电者往往处于昏迷状态，情况不明，故应尽快对心跳和呼吸的情况作一判断，看看是否处于"假死"状态。因为只有明确的诊断，才能及时正确地进行急救。处于"假死"状态的触电者，因全身各组织处于严重缺氧的状态，情况十分危险，故不能用一套完整的常规方法进行系统检查，只能用一些简单有效的方法判断，看看是否"假死"及"假死"的类型，具体方法如下：

① 将脱离电源后的触电者迅速移至比较通风、干燥的地方，使其仰卧，将上衣与裤带放松。观察是否有呼吸存在。当有呼吸时，可看到触电者胸部和腹部的肌肉随呼吸上下运动；用手放在鼻孔处，呼吸时可感到气体的流动。相反，无上述现象，则往往是呼吸已停止。

② 摸一摸颈部的动脉和腹股沟处的股动脉，有没有搏动。当有心跳时，一定会有脉搏。颈动脉和股动脉都是大动脉，位置表浅，很容易感觉到它们的搏动，因此常常作为是否有心跳的依据。另外，在胸前区也可听一听是否有心声，有心声则有心跳。

③ 看一看瞳孔是否扩大。瞳孔的作用有点像照相机的光圈，但人的瞳孔是一个由大脑控制自动调节的光圈，当大脑细胞正常时，瞳孔的大小会随着外界光线的变化，自行调节，使进入眼内的光线强度适中，便于观看。当处于"假死"状态时，大脑细胞严重缺氧，处于死亡的边缘，所以整个自动调节系统的中枢失去了作用，瞳孔也就自行扩大，对光线的强弱再也起不到调节作用，所以瞳孔扩大说明了大脑组织细胞严重缺氧，人体也就处于"假死"状态。通过以上简单的检查，我们即可判断触电者是否处于"假死"状态。并依据"假死"的分类标准，可知其属于"假死"的类型。这样我们在抢救时便可有的放矢，对症治疗。

2. 触电者的处理方法

经过简单诊断后的触电者，一般可按下述情况分别处理：

① 触电者神志清醒，但感到乏力、头昏、心悸、出冷汗，甚至有恶心或呕吐。此类触电者应就地安静休息，减轻心脏负担，加快恢复；情况严重时，小心送往医疗部门，请医护人员检查治疗。

② 触电者呼吸、心跳尚在，但神志不清。此时应将触电者仰卧，周围的空气要流通，并注意保暖。除了要严密地观察外，还要做好人工呼吸和心脏按压的准备工作，并立即通知医疗部门或用担架将触电者送往医院。在去医院的途中，要注意观察触电者是否突然出现"假死"现象，如有"假死"，应立即抢救。

③ 如经检查后，触电者处于"假死"状态，则应立即针对不同类型的"假死"进行对症处理。心跳停止的，则用体外人工心脏按压法来维持血液循环；如呼吸停止，则用口对口的人工呼吸法来维持气体交换。呼吸、心跳全部停止时，则需同时进行体外心脏按压法和口对口人工呼吸法，同时向120急救中心告急求救。在抢救过程中，任何时刻抢救工作不能中止，即便在送往医院的途中，也必须继续进行抢救，一定要边救边送，直到心跳、呼吸恢复。

3. 心肺复苏

触电者呼吸和心跳均停止时，应立即按心肺复苏法支持生命的三项基本措施，即通畅气道、口对口（鼻）人工呼吸、胸外按压（人工循环），正确进行就地抢救。

1）通畅气道

① 触电者呼吸停止，重要的是始终确保气道通畅。如发现伤员口内有异物，可将其身

体及头部同时侧转，迅速用一个手指或用两手指交叉从口角处插入，取出异物；操作中要注意防止将异物推到咽喉深部。

② 通畅气道可采用仰头抬颌法，如图 1-14 所示，用一只手放在触电者前额，另一只手的手指将其下颌骨向上抬起，两手协同将头部推向后仰，舌根随之抬起，气道即可通畅。如图 1-15（b）所示，严禁用枕头或其他物品垫在伤员头下，头部抬高前倾，会更加重气道阻塞，且使胸外按压时流向脑部的血流减少，甚至消失。

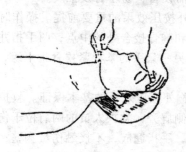

（a）气道通畅　　（b）气道阻塞

图 1-14　仰头抬颌法　　　　　　　图 1-15　气道状况

2）人工呼吸

人工呼吸的目的，是用人工的方法来代替肺的呼吸活动，使气体能有节律地进入和排出肺部，供给体内足够的氧气，充分排出二氧化碳，维持正常的通气功能。人工呼吸的方法有很多，目前认为口对口人工呼吸法效果最好，如图 1-16 所示。

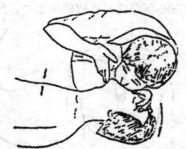

图 1-16　口对口人工呼吸

① 将触电者仰卧，解开衣领，松开紧身衣着，放松裤带，以免影响呼吸时胸廓的自然扩张。然后将触电者的头偏向一边，张开其嘴，用手指清除口内中的假牙、血块和呕吐物，使呼吸道畅通。

② 抢救者在触电者的一边，以近其头部的一手紧压触电者的鼻子（避免漏气），并将手掌外缘压住其额部，另一只手托在触电者的颈后，将颈部上抬，使其头部充分后仰，以解除舌下坠导致的呼吸道梗阻。

③ 急救者先深吸一口气，然后用嘴紧贴触电者的嘴大口吹气，同时观察胸部是否隆起，以确定吹气是否有效和适度。

④ 吹气停止后，急救者头稍侧转，并立即放松捏紧鼻孔的手，让气体从触电者的肺部排出，此时应注意胸部复原的情况，倾听呼气声，观察有无呼吸道梗阻。

⑤ 如此反复进行，每分钟吹气 12 次，即每 5 s 吹一次。

人工呼吸时要注意以下事项：

① 口对口吹气的压力需掌握好，刚开始时可略大一点，频率稍快一些，经 10～20 次后可逐步减小压力，维持胸部轻度升起即可。对幼儿吹气时，不能捏紧鼻孔，应让其自然漏气，为了防止压力过高，急救者仅用颊部力量即可。

② 吹气时间宜短，约占一次呼吸周期的 1/3，但也不能过短，否则影响通气效果。

③ 如遇到牙关紧闭者，可采用口对鼻吹气，方法与口对口基本相同。此时可将触电者嘴唇紧闭，急救者对准鼻孔吹气，吹气时压力应稍大，时间也应稍长，以利气体进入肺内。

3）体外心脏按压

体外心脏按压是指有节律地以手对心脏按压，用人工的方法代替心脏的自然收缩，从而达到维持血液循环的目的，此法简单易学，效果好，不需设备，易于普及推广。

① 确定正确按压位置。正确的按压位置是保证胸外按压效果的重要前提。操作时右手的食指和中指沿触电者的右侧肋弓下缘向上，找到肋骨和胸骨接合处的中点；两手指并齐，中指放在切迹中点（剑突底部），食指平放在胸骨下部；另一只手的掌根紧挨食指上缘，置于胸骨上，即为正确按压位置，如图 1-17 所示。

② 选择正确的按压姿势。正确的按压姿势是达到胸外按压效果的基本保证。救护时使触电者仰面躺在平硬的地方，救护人员立或跪在伤员一侧肩旁，救护人员的两肩位于伤员胸骨正上方，两臂伸直，肘关节固定不屈，两手掌根相叠，手指翘起，不接触伤员胸壁；以髋关节为支点，利用上身的重力，垂直将正常成人胸骨压陷 3～5 cm（儿童和瘦弱者酌减）；压至要求程度后，立即全部放松，但放松时救护人员的掌根不得离开胸壁。如图 1-18 所示，按压必须有效，有效的标志是按压过程中可以触及颈动脉搏动。

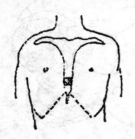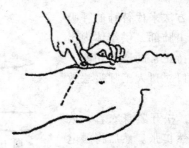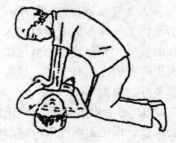

图 1-17　正确的按压位置　　　　　图 1-18　按压姿势与用力方法

③ 操作频率。胸外按压要以均匀速度进行，每分钟 80 次左右，每次按压和放松的时间相等；胸外按压与口对口（鼻）人工呼吸同时进行，其节奏为单人抢救时，每按压 15 次后吹气 2 次（15：2），反复进行；双人抢救时，每按压 5 次后由另一人吹气 1 次（5：1），反复进行。

4）注意事项

① 救护人员应在确认触电者已与电源隔离，且救护人员本身所涉环境安全距离内无危险电源时，方能接触伤员进行抢救。

② 在抢救过程中，不要为方便而随意移动伤员，如确需移动，应使伤员平躺在担架上并在其背部垫以平硬阔木板，不可让伤员身体蜷曲着进行搬运。移动过程中应继续抢救。

③ 任何药物都不能代替人工呼吸和胸外心脏按压，对触电者用药或注射针剂，应由有经验的医生诊断确定，慎重使用。

④ 在抢救过程中，要每隔数分钟再判定一次，每次判定时间均不得超过 5～7 s。做人工呼吸要有耐心，尽可能坚持抢救 4 h 以上，直到把人救活，或者一直抢救到确诊死亡时为止；如需送医院抢救，在途中也不能中断急救措施。

⑤ 在医务人员未接替抢救前，现场救护人员不得放弃现场抢救，只有医生有权做出伤员死亡的诊断。

**任务实施**

① 由指导教师介绍实训室电源情况。

② 测电笔的使用：

a. 测电笔的结构与组件认识（拆装测电笔）。

b. 用测电笔测试电工实训的单相电源插座，判断相线和中性线。

思考与练习

1.1 简述测电笔的组成和各部分的作用。

1.2 如何预防触电事故的发生？

1.3 触电急救的措施是什么？

1.4 如何预防电气火灾的发生？

任务②

→常用电工测量仪表的认识和使用

电气设备的安装、调试及检修过程中，要借助各种电工仪器仪表对电流、电压、电阻、电能、电功率等进行测量，这就是所谓的"电工测量"。

电工仪表是实现电磁测量过程所需技术工具的总称，电工仪表的使用是从事电专业的技术人员必须掌握的一门技能。所以，我们必须先掌握常用电工测量仪表的使用方法，才能用它们去测量、分析实际电路。

任务目标

- 记住常用交、直流电压表，交、直流电流表和功率表表盘上主要标记的意义。
- 利用仪表的准确度等级，会计算某一量限下的最大绝对误差和某一测量值时的最大相对误差。
- 了解仪表量限的选择方法。
- 会正确连接直流稳压电源输入端和输出端，熟练调节其输出电压值，并了解其过载和短路保护的处理方法。

任务描述

指导教师介绍常用电工仪表和测量方法，让学生在测量中能正确选择和使用仪表，掌握正确的测量方法，获得最佳的实验效果。

知识链接

在电工测量技术中，要了解电工测量的基本知识，包括电磁测量的测量方法，电工仪表的准确度等级，测量误差和测量准确度的评定，消除测量误差的方法，电工仪表的分类、标记和型号，对电工仪表的一般要求等。以便在测量中正确选择和使用仪表，掌握正确的测量方法，获得最佳的实验效果。

一、电磁测量的测量方法

电磁测量的测量方法，常采用的方法有直接测量法和间接测量法两种，用来测量电信号或磁场量。

1. 直接测量法

直接测量法是指被测量与其单位量作比较，被测量的大小可以直接从测量的结果得出。

例如用电压表测量电压，读数即为被测电压值，这就是直接测量法。

直接测量法又分为直接读数法和比较法两种。用电压表测量电压，就是直接读数法，被测值可直接从指针指示的表面刻度读出。这种测量方法的设备简单，操作方便，但其准确度较低，测量误差主要来源于仪表本身的误差，误差最小约±0.05%。比较法是指测量时将被测量与标准量进行比较，通过比较确定被测量的值。例如用电位差计测量电压源的电压，就是被测电压源的电压与已知标准电压源的电压相比较，并从指零仪表确定其作用互相抵消后，即可从刻度盘得出被测电压源的电压值。比较法的优点是准确度和灵敏度都比较高，测量误差主要决定于标准量的精度和指零仪表的灵敏度，误差最小约±0.001%，比较法的缺点是设备复杂，价格昂贵，操作麻烦，仅适用于较精密的测量。

2. 间接测量法

间接测量法是指测量时测出与被测量有关的量，然后通过被测量与这些量的关系式，计算得出被测量。例如用伏安法测电阻，首先测得被测电阻上的电压和电流，再利用欧姆定律求得被测电阻值。间接测量法的测量误差较大，它是各个测量仪表和各次测量中误差的综合。

3. 有效数字

在测量中，常常需要从仪表指针的指示位置估计读出最后一位数字，这个估计数字称为欠准数字。超过一位的欠准数字是没有意义的，不必记入。仪表指示刻度的读数和最后一位估计数字，称为实验数字的有效数字，对测量记录中的有效数字做如下规定：

① 有效数字的位数与小数点无关，例如电压 123 V 和 0.123 kV 都是三位有效数字。

② "0" 在数字之间或数字之末，算作有效数字，在数字之前，不算作有效数字。例如 1.04，80.5，400 都是三位有效数字，而 0.021，0.24 都是二位有效数字。注意 5.40 与 5.4 的有效数字位数是不相同的，前者是三位有效数字，其中 "4" 是准确数字，"0" 是欠准数字，而后者是两位有效数字，"4" 是欠准数字。所以 5.40 的 "0" 不能省略，是具有特定含义的。

③ 遇到大数字或小数字时，有效数字的记法如下：4.60×10^3 和 4.6×10^{-3}，分别表示三位和两位有效数字。电压表的读数为 6.25 kV，是三位有效数字，可以写成 6.25×10^3 V，但不能写成 6 250 V，后者变成四位有效数字了。3.2×10^3 和 3.20×10^3 分别为二位和三位有效数字，不能认为是相同的准确度。小数字 0.000 32，可以写成 3.2×10^{-4}，是两位有效数字。

二、电工指示仪表的分类及符号

1. 电工指示仪表的分类

电工指示仪表可以根据工作原理、内部结构、测量对象和使用条件等进行分类。

① 根据测量机构的工作原理分类，可以把仪表分为磁电系、电磁系、电动系、感应系、整流系等。

② 根据测量对象分类，可以分为电流表（安培表、毫安表、微安表）、电压表（伏特表、毫伏表、微伏表以及千伏表）、功率表（瓦特表）、电度表、欧姆表、兆欧表、相位表等。

③ 根据仪表工作电流的性质分类，可以分为直流仪表、交流仪表和交直流两用仪表。

④ 按仪表使用方式分类，可以分为安装式仪表和可携带式仪表等。

⑤ 按仪表的使用条件分类，可以分为 A、A1、B、B1 和 C 五组。有关各组的规定可以

查阅国家标准 GB/T 776—1976《电气测量指示仪表通用技术条件》。

⑥ 按仪表的准确度分类，有 0.1、0.2、0.5、1.0、1.5、2.5 和 5.0 共七个准确度等级。

2. 电工指示仪表的符号

电工指示仪表的表盘上有许多表示其技术特性的标志符号。根据国家标准的规定，每一个仪表必须有表示测量对象的单位、准确度等级、工作电流的种类、相数、测量机构的类别、使用条件级别、工作位置、绝缘强度、试验电压的大小、仪表型号和各种额定值等标志符号，如表 2-1 所示。

表 2-1　几种常见电工指示仪表的符号

分类	符号	名称	分类	符号	名称	分类	符号	名称
电流种类	—	直流表	测量对象	Ⓐ	电流表	工作原理		磁电系仪表
	∼	交流表		Ⓥ	电压表			电动系仪表
	≂	交直流表		Ⓦ	功率表			铁磁电动系仪表
	≋	三相交流表		kW·h	电能表			电磁系仪表
绝缘实验	2 kV	实验电压 2 kV	工作位置	—	水平使用			电磁系仪表（有磁屏蔽）
				↑	垂直使用			整流系仪表
	☆			⊥		准确度	0.5	0.5 级
	‖‖‖	防外磁场及电场第三级					Ⓑ	使用条件

3. 电工指示仪表的型号

1）安装式仪表型号的组成

如图 2-1 所示，其中第一位代号按仪表面板形状最大尺寸特征编制；系列代号按测量机构的系列编制，如磁电系代号为"C"，电磁系代号为"T"，电动系代号为"D"等。

2）可携式仪表型号的组成

由于可携式仪表不存在安装问题，所以将安装式仪表型号中的形状代号可省略，即是它的产品型号。

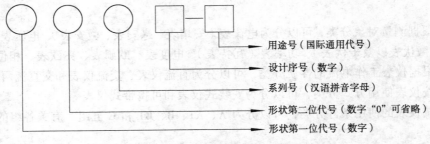

图 2-1　安装式仪表型号的编制规则

三、仪表的误差及准确度等级

1. 仪表的误差

仪表的误差是指仪表的指示值和被测物理量的真实值之间的差异，它有三种表现形式：

① 绝对误差：绝对误差是指仪表指示值与被测量的真实值之差，即

$$\Delta x = x - x_0 \qquad\qquad (2-1)$$

式中：x 为被测物理量的指示值；x_0 为真实值；Δx 为绝对误差。

② 相对误差：相对误差是绝对误差 Δx 与被测量的真实值 x_0 的百分比，用 δ 表示。

$$\delta = \frac{\Delta x}{x_0} \times 100\% \qquad\qquad (2-2)$$

③ 引用误差：引用误差是绝对误差 Δx 对仪表量程 A_m 的百分比。

从误差本质上来讲，仪表的误差分为基本误差和附加误差两部分。基本误差是由于仪表本身特性及制造、装配缺陷所引起的，基本误差的大小是用仪表的引用误差表示的。附加误差是由仪表使用时的外界因素影响所引起的。

2. 仪表的准确度

仪表的基本误差通常用准确度来表示，准确度越高，仪表的基本误差就越小。

对于同一只仪表，测量不同大小的被测量，其绝对误差变化不大，但相对误差却有很大变化，被测量越小，相对误差就越大，显然，通常的相对误差概念不能反映出仪表的准确性能，所以，一般用引用误差来表示仪表的准确度性能。

仪表测量的绝对误差与该表量程的百分比，称为仪表的引用误差。

仪表的准确度就是仪表的最大引用误差，即仪表量程范围内的最大绝对误差与仪表量程的百分比。显然，准确度等级表明了仪表基本误差最大允许的范围。表 2-2 所示为 GB 776—1976 中对仪表在规定的使用条件下测量时，各准确度等级的基本误差范围。

表 2-2　仪表的准确度等级

仪表准确度等级	0.1	0.2	0.5	1.0	1.5	2.5	5.0
基本误差	± 0.1%	± 0.2%	± 0.5%	± 1.0%	± 1.5%	± 2.5%	± 5.0%
应用范围	标准表		实验用表		工程测量用表		

3. 测量仪表的选择原则

① 根据被测量的性质选择仪表类型。根据被测量是直流电还是交流电来选择直流仪表或交流仪表。测量交流时，应区别是正弦波还是非正弦波，还要考虑被测量的频率范围。

② 根据工程实际，合理地选择仪表的准确度等级。仪表的准确度越高，测量误差越小，但价格贵，维修也困难，因此在满足准确度要求的情况下，不选用高准确度的仪表。

③ 根据测量范围选用量程。测量结果的准确程度，不仅与仪表准确度等级有关，而且与它的量程也有关。一般应使测量范围在仪表满刻度的 1/2 ~ 2/3 的区域。

【例】要测量一个 25 V 的直流电压：方法一，选用准确度为 0.5 级，量程为 150 V 的电压表；方法二，选用准确度为 1.5 级，量程为 30 V 的电压表。试比较哪种方法更合适？

解：采用方法一，测量结果中可能出现的最大绝对误差为

$$\Delta U_{ml} = \pm 0.5\% \times 150 \text{ V} = \pm 0.75 \text{ V}$$

最大相对误差为

$$\delta_{ml} = \frac{\Delta U_{ml}}{U} \times 100\% = \frac{\pm 0.75}{25} \times 100\% = \pm 3\%$$

采用方法二，测量结果中可能出现的最大绝对误差为

$$\Delta U_{m2} = \pm 1.5\% \times 30 \text{ V} = \pm 0.45 \text{ V}$$

最大相对误差为

$$\delta_{m2} = \frac{\Delta U_{m2}}{U} \times 100\% = \frac{\pm 0.45}{25} \times 100\% = \pm 1.8\%$$

很明显，采用方法二更为合适。

由此看来，测量结果的精确度，不仅与仪表的准确度有关，而且与它的量程也有关。因此，通常选择量程时，应尽可能使读数占满刻度的 2/3 以上。

四、电工指示仪表的结构和工作原理

电工指示仪表的基本原理是把被测电量或非电量变换成仪表指针的偏转角。因此它也称为机电式仪表，即用仪表指针的机械运动来反映被测电量的大小。指示仪表通常由测量线路和测量机构两部分组成。测量机构是实现电量转换为指针偏转角并使两者保持一定关系的机构，它是指示仪表的核心部分。测量线路将被测电量或非电量转换为测量机构能直接测量的电量，测量线路的构成必须根据测量机构能够直接测量的电量与被测量的关系来确定，它一般由传感器和放大电路构成。

1. 磁电式仪表

磁电式仪表的基本结构如图 2-2 所示，它的固定部分是由永久磁铁、极掌和圆柱形铁心所组成的磁路。可动部分是由线圈及铝框、转轴以及与转轴相连的指针、游丝、平衡锤和调零器组成。

在用磁电式仪表进行测量时，通入电流的线圈在磁场中受到电磁力作用，产生电磁转矩。在这种转矩的作用下，线圈和指针便转动起来。同时，螺旋弹簧被扭紧而产生阻转矩，使指针偏转角度与电流大小成正比。

磁电式仪表的特点是：刻度均匀，灵敏度和准确度高，消耗电能少，受外界磁场的影响小，但承受过载能力弱且价格较高。

2. 电磁式仪表

电磁式仪表常采用推斥式的构造，如图 2-3 所示。它的主要部分是固定的圆形线圈，线圈内部有固定铁心，还有固定在转轴上的可动铁心。当线圈中通有电流时，线圈产生磁场，两铁心均被磁化，同一端的极性是相同的，因而相互推斥。可动铁心因受斥力而带动指针偏转。指针的偏转角度与电流有效值的平方成正比，因此电磁式仪表的刻度是不均匀的。

电磁式仪表的特点是构造简单，价格低廉，但刻度不均匀，准确度不高。

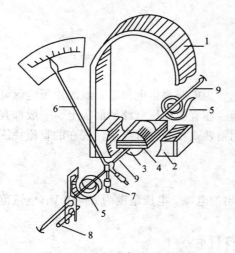

图2-2 磁电式仪表基本结构

1—永久磁铁；2—极掌；3—圆柱形铁心；4—线圈；

5—游丝；6—指针；7—平衡锤；8—调零器；9—转轴

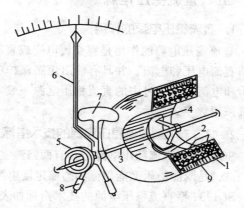

图2-3 推斥式电磁式仪表结构

1—线圈；2—固定铁心；3—转轴；4—可动铁心；

5—游丝；6—指针；7—阻尼片；8—平衡锤；9—磁屏蔽

3. 电动式仪表

电动式仪表的结构如图2-4所示，平行排列的两个固定线圈可获得均匀的磁场，两线圈通过串联或并联可改变电流量程。可动部分包括固定线圈中的可动线圈、指针及空气阻尼器等。它们都固定在转轴上，游丝用来产生反作用力矩，并引导电流通入可动线圈。

电动式仪表测量的工作原理如图2-5所示，当固定线圈通入电流时，其内部产生与电流成正比的磁场，这个磁场与可动线圈中的电流相互作用产生电磁力，这个力所形成的转矩使可动线圈偏转一个角度，从而达到测量的结果。

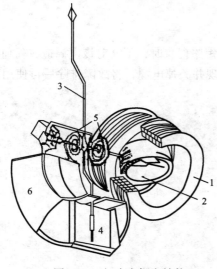

图2-4 电动式仪表结构

1—固定线圈；2—可动线圈；3—指针；

4—空气阻尼器；5—游丝；6—永久磁铁

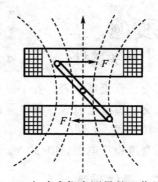

图2-5 电动式仪表测量的工作原理

五、直流稳压电源

1. 直流稳压电源的作用

直流稳压电源的作用是将交流电变成直流电，为电路提供电源。一般的稳压电源可提供多路直流电压和电流，并具有输出短路保护功能。在直流稳压电源的面板上，一般都有电压指示和电流指示，过去的直流稳压电源一般采用指针式仪表进行显示，现在的直流稳压电源大都采用数字式显示。

2. SG1731 型直流稳压电源的技术指标

SG1731 型直流稳压电源是具有两路独立输出的电源，电压范围为 0~30 V，电流范围为 0~3 A，是既能稳压又能稳流的高稳定度电源。

SG1731 型直流稳压电源的技术指标如表 2-3 所示。

表 2-3　SG1731 型直流稳压电源的技术指标

项　　目	技 术 指 标	项　　目	技 术 指 标
输出电压	0~30 V 连续可调，双路	保护措施	电流限制保护
输出电流	0~3 A 连续可调，双路	指示表头级别	电压表和电流表均为 2.5 级
输入电压	AC 220 × （1±10%）V，50 × （1±5%）Hz	使用环境	0~40 ℃，相对湿度小于 90%，可连续工作 8 h

3. SG17315 型直流稳压电源的具体功能

① 作为双路可调电源独立使用。SG1731 型直流稳压电源既可以作为双路独立的稳压源，也可以作为双路独立的稳流源。在作为稳压源使用时，要先设定限流保护点。

② 作为双路可调电源串联使用。

③ 作为双路可调电源并联使用。

该电源设有完善的保护功能，当输出端发生短路现象时，不会对该电源造成任何损坏，但是短路时该电源仍有功率损耗，所以应尽早发现并关掉电源，将故障排除后再使用。

 任务实施

一、相关器材

① 交、直流电压表，各 1 只；

② 交、直流电流表，各 1 只；

③ 功率表，1 只；

④ 直流稳压电源，[0~30 V，0~3 A]，1 台。

二、操作步骤

① 由指导教师介绍实训室电工实训台的使用方法。

② 分别观察交直流电压表，交直流电流表和功率表的表盘标记与型号，并将它们记录在表 2-4 中。

表 2-4　记录表

仪 表 名 称	表 面 标 记 和 型 号	标 记 和 型 号 的 意 义

③ 用直流电压表测定直流稳压电源的输入电压。将电压表上的表笔，选定一个量限，调节稳压电源输出的电压值，使电压指针分别偏转在 1/3 量限以下和 2/3 量限以上，各读取两个不同的电压值，填入表 2-5，同时将电压表的准确度等级和选定的量限也记录下来。

表 2-5　电压表量限＿＿＿＿＿＿＿＿电压表准确度等级＿＿＿＿＿＿＿

读数范围	1/3 量限以下的读数	2/3 量限以下的读数
测量次数		
被测电压值/V		

④ 调节直流稳压电源旋钮，使输出端分别获得 5.8 V 和 18.2 V 的电压，将调节步骤记录下来。

⑤ 画出实验所用直流稳压电源的面板简图。了解各部分作用和使用中的注意事项。

思考与练习

2.1　用电压表测量真值为 380 V 的电压，其测量相对误差−5%，试求测量中的绝对误差和测得的电压值。

2.2　欲测量 220 V 的电压，要求测量中相对误差不大于 ±1%，若选用量限为 300 V 的电压表，其准确度等级以多少为宜？

2.3　一只电流表的准确度为 0.5 级，有 1 A 和 0.5 A 两个量限，现分别用这两个量限测量 0.35 A 的电流，计算出它们的最大相对误差，并说明宜采用哪个量限测量为好？

任务 2 常用电工测量仪表的认识和使用

任务③

➡ 常用电量的测量

对物理现象的认识和分析都要从能反映其主要特征的物理量入手，电能在使用时呈现的主要特征可以由电流、电压和功率等物理量来反映。因此，要掌握测量这些物理量的方法和常用测量仪表（如万用表）的使用方法。

任务目标

- 掌握电路中常用物理量的概念和计算方法。
- 熟悉万用表的面板，了解旋钮各挡位的用途。
- 掌握用万用表测量直流电流、直流电压和交流电压的方法。
- 学会正确连接直流稳压电源输入端和输出端，熟练调节其输出电压值，并了解其过载和短路保护的处理方法。

任务描述

指导教师介绍万用表的使用方法，让学生能熟练测量常用的物理量，加深理解各个物理量在电路中的作用，并能对其进行简单的分析和计算。

知识链接

一、电路中的基本物理量

1. 电流

电荷的定向运动形成电流，电流在电路中的流动而产生了电能和其他形式能量之间的转换。电路中没有电流，就没有能量转换的发生。它是电路分析中的一个基本变量。

（1）电流的大小

电流的大小称为电流强度，用符号 I 或 i 表示，定义为单位时间内通过导体横截面的电荷量。即

$$i = \frac{dq}{dt} \qquad (3-1)$$

当电流的大小、方向均不随时间变化时，称为直流电流，用大写字母 I 来表示，即

$$I = \frac{q}{t}$$

电流强度简称电流，所以"电流"一词不仅表示电荷定向运动的物理现象，而且也代表

电流强度这样一个物理量。

国际单位制中电流的单位是安培（A），简称安。电力系统中，有时取千安（kA）为电流的单位；而电子系统中常用毫安（mA）、微安（μA）作电流的单位。其换算关系为

$$1 \text{ kA}=10^3 \text{ A} \qquad 1 \text{ A}=10^3 \text{ mA}=10^6 \text{ μA}$$

（2）电流的方向

人们规定：正电荷运动的方向为电流的方向。在简单电路中，人们很容易判断出电流的实际方向，但是对于比较复杂的电路，电流的实际方向就很难直观判断了。另外，在交流电路中，电流是随时间变化的，在图上也无法表示其实际方向。

为了解决这一问题，需引入电流的参考方向这一概念。参考方向，也称正方向，是假定的方向。

电流的参考方向可以任意选定，在电路中一般用实线箭头表示。然而，所选取的电流参考方向不一定就是电流的实际方向。当电流的参考方向与实际方向一致时，电流为正值（$i>0$）；当电流的参考方向与实际方向相反时，电流为负值（$i<0$）。这样，在选定的参考方向下，根据电流的正负，就可以确定电流的实际方向，如图3-1所示。

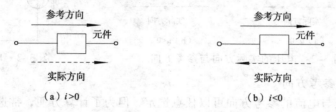

（a）$i>0$　　　　　　　　　（b）$i<0$

图3-1 电流的实际方向与参考方向

所以在对电路进行分析时，首先要假定电流的参考方向，并用箭头在图中标出，然后进行分析计算，最后再从结果的正负值与图中标出的参考方向来确定电流的实际方向。如果图中没有标出参考方向，那么计算结果的正负是无意义的。

2. **电压**

（1）电压的大小

在电路中，电场力做功使电荷做定向移动。为了衡量电场力做功的能力，引入了电压这一物理量。定义：电场力把单位正电荷从 a 点移动到 b 点所做的功称为 a、b 两点间的电压，用字母 u_{ab} 表示，即

$$u_{ab}=\frac{\mathrm{d}w}{\mathrm{d}q} \qquad (3-2)$$

在式（3-2）中，$\mathrm{d}w$ 表示电场力将电荷量为 $\mathrm{d}q$ 的正电荷从 a 点移动到 b 点所做的功，单位为焦耳（J），简称焦。

在国际单位制中，电压的单位是伏特，用大写字母 V 表示，简称伏，常用的电压单位还有千伏（kV）、毫伏（mV）、微伏（μV）。各单位之间的换算关系为

$$1 \text{ kV}=10^3 \text{ V} \qquad 1 \text{ mV}=10^{-3} \text{ V} \qquad 1 \text{ μV}=10^{-6} \text{ V}$$

（2）电压的方向

电压的实际方向是由高电位端指向低电位端。在实际电路的分析计算中，也需要引入电

压的参考方向，当电压的实际方向与参考方向一致时，该电压为正值；当电压的实际方向与参考方向相反时，该电压为负值。根据电压的参考方向与数值的正负就可判断出电压的实际方向，如图 3-2 所示。

电压的参考方向通常用箭头来表示，箭头方向为假定电压降的方向，也可以用"+"表示假定的高电位端，用"-"表示假定的低电位端，还可以用带双下标的字母来表示，例如，U_{ab} 表示电压的参考方向是由 a 指向 b。

（3）电动势

电动势描述的是在电源中外力做功的能力，它的大小等于外力在电源内部克服电场力把单位正电荷从负极移动到正极所做的功，用字母 E 表示。它的实际方向在电源内部是由电源负极指向电源正极的，如图 3-3 所示。

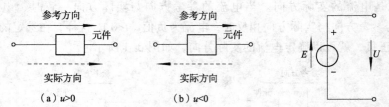

图 3-2　电压的实际方向与参考方向　　　图 3-3　电动势与电压的方向

（4）关联参考方向

虽然电压与电流的参考方向可以任意选定，但为了计算方便，常选择某段电路中的电流方向与电压的参考方向一致，称为关联参考方向，如图 3-4（a）所示。当电压与电流的参考方向不一致时，称为非关联参考方向，如图 3-4（b）所示。

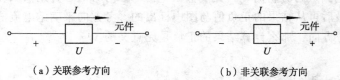

图 3-4　电压与电流的关联参考方向与非关联参考方向

3. 电功率

正电荷从高电位移动到低电位，电场力做正功，电路吸收电能；正电荷从低电位移动到高电位，外力克服电场力做功，电路将其他形式的能量转化为电能，电路发出电能。在单位时间内，电路吸收或发出的电能定义为该电路的电功率，简称功率，用字母 P 或 p 表示。

当电压与电流为关联参考方向时，功率的计算公式为

$$p = \frac{\mathrm{d}w}{\mathrm{d}t} = ui \qquad\qquad (3\text{-}3a)$$

当电压和电流为非关联参考方向，功率的计算公式为

$$p = -ui \qquad\qquad (3\text{-}3b)$$

式中：u 为此元件或这一部分电路的端电压；i 为流经此元件或电路的电流。

以上两个公式中，若 $p > 0$，则电路或元件吸收（或消耗）功率；若 $p < 0$，则表示此电路或元件发出（或产生）功率。

功率单位是瓦特（W），简称瓦。除了 W 之外，还有 kW（千瓦）、mW（毫瓦）。它们的关系

为

$$1\ kW=10^3\ W=10^6\ mW$$

【例3-1】（1）在图3-5（a）、（b）中，电流均为3 A，且均由 a 点流向 b 点，求这两个元件的功率，并判断它们的性质。（2）图3-5（b）中，若元件产生的功率为4 W，求电流。

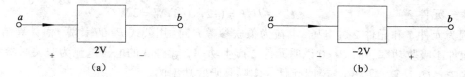

图3-5 例3-1电路

解：（1）设电路图3-5（a）中电流 I 的参考方向由 a 指向 b，则对图（a）所示元件来说，电压、电流为关联参考方向，故此元件的功率为

$$P=UI=2\times3\ W=6\ W$$

$P>0$，则此元件吸收功率。

对图3-5（b）所示元件来说，设电流 I 的参考方向由 a 指向 b，则电压、电流为非关联参考方向，故此元件的功率为

$$P=-UI=-(-2\times3)\ W=6\ W$$

$P>0$，则此元件吸收功率。

（2）设图3-5（b）中电流 I 的参考方向由 a 指向 b，因是产生功率4 W，故功率 $P=-4\ W$，由 $P=-UI=-4\ W$ 得

$$I=\frac{-4\ W}{-U}=\frac{-4\ W}{-(-2)\ V}=-2\ A$$

负号表明电流的实际方向是由 b 指向 a。

以上我们学习了电路分析中常用的电流、电压和功率的基本概念及相应的计算公式，这些量可以取不同的时间函数，所以它们又称变量。

特别值得注意的是：对电路中电流、电压设参考方向是非常必要的。电路中电流、电压的参考方向，原则上可以任意假设，但是为了避免公式中的负号可能对计算带来麻烦，习惯上凡是能确定电流、电压实际方向的，就将参考方向设得与实际方向一致，对于不能确定的，也不必花费时间去判断，只需任意假定一个参考方向。习惯上常把电流、电压参考方向设成关联，有时为了简化，一个元件上只标出电流或电压一个量的参考方向，意味着省略的那个量的参考方向与给出量的参考方向是关联的。电路中的功率与电压和电流的乘积有关，因此用来测量功率的仪表必须具有两个线圈：一个用来反映负载电压，与负载并联，称为并联线圈或电压线圈；另一个用来反映负载电流，与负载串联，称为串联线圈或电流线圈。这样，电动式仪表可以用来测量功率，通常用的就是电动式功率表。

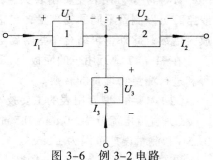

图3-6 例3-2电路

【例3-2】图3-6所示为某电路的一部分，已知 $U_1=4$ V，$U_2=-3$ V，$U_3=2$ V，$I_1=2$ A，$I_2=4$ A，$I_3=-1$ A，求各元件吸收或产生的功率。

解：元件 1 $P_1 = U_1 I_1 = 4 \times 2 \text{ W} = 8 \text{ W}$

元件 2 $P_2 = U_2 I_2 = (-3) \times 4 \text{ W} = -12 \text{ W}$

元件 3 $P_3 = -U_3 I_3 = (-2) \times (-1) \text{ W} = 2 \text{ W}$

因为元件 1 和元件 2 的电压、电流为关联参考方向，用公式 $P=UI$ 计算，而计算结果 $P_1 > 0$ 说明元件 1 吸收功率，而 $P_2 < 0$ 说明元件 2 产生功率，元件 3 的电压电流为非关联参考方向，用公式 $P=-UI$ 计算，$P_3 > 0$，说明元件 3 实际是吸收功率的。

对于一个完整电路而言，它吸收的功率与产生的功率总是相等的，即在任一时间 t，任一电路中的所有元件上功率的代数和等于零，这称为功率平衡。

4. 电能

根据电功率的计算式（3-3）可得

$$\text{d}w = p\text{d}t$$

则在 t_0 到 t 的一段时间内，电路消耗的电能为

$$\int_{t_0}^{t} p\text{d}t = \int_{t_0}^{t} ui\text{d}t$$

电能在直流电路中的表达式为

$$W = Pt = UIt \qquad\qquad\qquad (3-4)$$

电能的单位为 J（焦），常用的还有 kW·h（千瓦·时），习惯上称为度。各单位之间的换算关系为

$$1 \text{ 度} = 1 \text{ kW·h} = 3.6 \times 10^6 \text{ J}$$

二、万用表的使用方法

万用表是一种能测量直流电信号、交流电信号、直流电阻和检测半导体元器件等多用途的便携式仪表。主要有指针式万用表和数字式万用表两种。

1. 指针式万用表

指针式仪表具有灵敏度高、体积小、重量轻、使用方便、量程全等特点，适用于电工电子电路的测试。

（1）MF-47 型万用表的功能

MF-47 型万用表主要由表头、转换开关和测量线路组成，通过转换开关组成不同的测量线路，可以测量不同的物理量，包括直流电流、直流电压、交流电压、电阻、三极管的电流放大倍数，此外，再结合一些附属电路，还可以测量电容量、电感量和音频信号的电平。

在 MF-47 型万用表的面板上，通过扭动一个多刀波段开关，就可以方便地选择合适的量程和进行测量物理量的转换。

（2）MF-47 型万用表的主要技术指标和量程

① 直流电流分为 50 μA、0.5 mA、5 mA、50 mA、500 mA 五挡，表头的电压降小于等于 0.75 V，测量误差范围为 ±2.5%。

② 直流电压分为 2.5 V、10 V、50 V、250 V、500 V、1000 V 六挡，测量误差范围为 ±2.5%。

③ 交流电压分为 10 V、50 V、250 V、500 V、1000 V 五挡，测量误差范围为 ±4%。

电阻分为 $\Omega \times 1$、$\Omega \times 10$、$\Omega \times 100$、$\Omega \times 1k$、$\Omega \times 10k$ 五个倍率量程，测量误差范围为 $\pm 2.5\%$。

（3）MF-47 型万用表的基本使用方法

① 机械调零：使用万用表前，应注意表的指针是否指在零点，若有偏差，可调节表盖上的"机械零点调节旋钮"使指针对正零点。

② 正确选择挡位和量程：在测量前必须依据被测电量的性质和大小，将波段开关置于合适的挡位上。若不知被测量的大小，可先将开关置于该挡位的最高量程上，通过测量逐挡变换挡位，直到达到合适的量程为止。

③ 正确读数：在读数时，首先要根据不同的量程挡位，在表盘上找到对应的刻度线，读取数据。有时还必须加以换算才能得到正确的读数。其次在读数时，视线必须垂直于表盘，使指针与表盘上镜子中的影子重合，避免斜视引起读数误差。

2. 数字万用表

（1）数字万用表的组成

数字万用表的核心是集成电路模/数（A/D）转换器，在数字万用表的输入电路中，配以不同的转换器就可以检测不同的信号。模/数转换器的作用是将模拟信号变换成数字脉冲信号输出，计数器计量这些脉冲的个数，显示器则以十进制数字的形式显示出输入信号的值。

（2）数字万用表的特点

与指针万用表相比，数字万用表具有以下特点：

① 指针万用表在使用中容易读错刻度线，读数误差大，数字万用表直接用数字显示，读数精确。

② 指针万用表电阻的刻度显示是非线性的，而数字万用表的显示则是线性的。

③ 数字万用表的内阻很高，进行电压测量时比指针万用表更接近理想的测试条件（分流小）。

④ 数字万用表在测直流电压时，能自动判断并显示电压的极性（正电压显示"+"，负电压显示"−"），方便易用；而指针万用表若表笔的正负极性接反，表针将反向偏转，易使表针折弯。

（3）DT-830 型数字万用表的功能

DT-830 型数字万用表是一款三位半数字万用表。它可测量交流电压、直流电压、交流电流、直流电流、电阻、电容、三极管、二极管等。该表采用 CMOS 集成电路，设计了过载自动保护电路。

DT-830 型数字万用表的量程开关为单旋转式开关，可同时完成测试功能和量程的选择。在 DT-830 型数字万用表的面板上有下列开关和插孔：电源开关、液晶显示器开关、量程选择开关、测量三极管插口、测量小电流输入插孔、黑表笔插孔、红表笔插孔、测量大电流输入插孔、测量发光二极管挡位、蜂鸣器挡位（在被测量电路导通时发光并发声）。液晶显示器的最大显示值为+1999 或−1999。仪表具有自动调零和自动显示极性功能。如果被测电压或电流的极性为负，就在显示值前面出现负号"−"。当电池电压低于 7 V 时，显示屏的左上方将显示"BAT"字符，提醒使用者更换电池。

测量三极管插口：三极管插孔采用四心插座，上面标有 B、C、E 字母，E 孔有两个，在表的内部连通。测量三极管的 β 值时，应将三个电极分别插入 B、C、E 孔，β 的数值如显示在十到几百范围内为正确。

在测试笔插孔旁边标有正三角形且内有感叹号的，表示从该孔输入的电压或电流不能超过指示值。

电池盒位于数字表后盖的下方。在标有"OPEN"（打开）的位置，按箭头指示方向拉出盖板即可更换型号为"F22 9 V"的层叠电池。

测量直流电压常用磁电式电压表，测量交流电压常用电磁式电压表。电压表是用来测量电源、负载或某段电路两端的电压的，所以必须和被测电路并联。

三、电流的测量

指针式万用表的基本测量机构实际上就是电流表，表头指针的偏转大小反映的就是流经仪表的电流大小。

测量直流电流时，通常选用磁电式直流电流表。在使用时要注意表的极性不要接反。在测量交流电流时若测量精度要求不高，可选用电磁式电流表，若测量精度要求高时，则可选用电动式电流表。

测电流时，电表要与被测元件所在的支路串联。

1. 用 DT-830 型数字万用表测量直流电流

将量程开关拨至"DC A"范围内的合适挡位。当被测量电流小于 200 mA 时，将红表笔插入"200 mA"孔，黑表笔插入"COM"孔；当被测电流超过 200 mA 时，应将红表笔插入"10 A"插孔，黑表笔插入"COM"孔。将两表笔与被测电路串联，显示器即显示出被测的电流值，同时显示出红表笔一端的电流极性。

2. 用 DT-830 型数字万用表测量交流电流

将量程开关拨至"AC A"范围内的合适挡位。当被测量电流小于 200 mA 时，将红表笔插入"200 mA"孔，黑表笔插入"COM"孔；当被测电流超过 200 mA 时，应将红表笔插入"10 A"孔，黑表笔插入"COM"孔。将两表笔与被测电路串联，显示器即显示被测的电流有效值。

四、电压的测量

1. 用指针式万用表测量直流电压

在万用表面板上标有"+"符号的孔中插入红表笔，接直流电压的正极，在面板上标有"-"符号的孔中插入黑表笔，接直流电压的负极。再选择相应的量程，即可对直流电压进行测量，从表盘指针的位置可读出测量的电压值。

2. 用指针式万用表测量交流电压

因为交流电压无极性的区别，所以只要将量程开关放置在交流电压的相应量程挡，两只表笔并联在两个测量点上即可。

3. 用 DT-830 型数字万用表测量直流电压

将电源开关拨至"ON"（下同），将量程开关拨至"DC V"范围内的合适量程，把红表笔插入"V/Ω"孔，把黑表笔插入"COM"孔，将两表笔与被测源并联，数字表在显示被测量电压数值的同时自动显示红表笔端电压的极性。

4. 用 DT–830 型数字万用表测量交流电压

将量程开关拨至"AC V"范围内的适合量程，两只表笔的接法同上。当被测信号的频率为 45～500 Hz 时，且输入信号为正弦波，则所显示的测量值为交流电压有效值。

五、电功率的测量

图 3-7 为功率表的接线图。固定线圈的匝数少，导线粗，与负载串联，作为电流线圈。可动线圈的匝数较多，导线较细，与负载并联，作为电压线圈。

由于并联线圈串联有高阻值的倍压器，它的感抗与其电阻相比可以忽略不计，所以可以认为其中电流 i_2 与两端电压 u 同相。这样功率表指针偏转角度

$$a = kUI\cos\varphi = kP \tag{3-5}$$

电动式功率表中指针的偏转角度 α 与电路中平均功率 P 成正比。

功率表的电压线圈和电流线圈各有其量程。改变电压量程的方法和电压表一样，即改变倍压器的电阻值。电流线圈常常是由两个相同的线圈组成，当两个线圈并联或串联时，电流量程发生相应变化。

六、电能的测量

电度表是测量电能的仪表。电度表结构由驱动元件、转动元件、制动元件、计度器组成，当驱动元件即线圈中通入电流，产生转动力矩驱动转盘转动，计度器计算转盘的转数，以达到测量电能的目的。电度表原理接线图如图 3-8 所示。

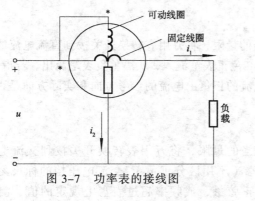

图 3-7　功率表的接线图

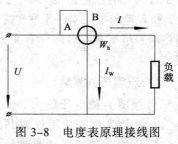

图 3-8　电度表原理接线图

A—电流线圈；B—电压线圈

电能的测量原理与功率测量原理相同。电能与功率和时间成正比，前面我们介绍了功率的测量。在电度表测量时，测量功率的大小与电度表转盘的转速成正比，而时间与转盘转动的转数成正比。电度表通过计算转盘转动的转数实现电能的测量。

一、相关器材

① 万用表，1 只；

② 直流稳压电源，1 台；

③ 滑线变阻器，1 只；

④ 电阻器（510 Ω），1 只。

二、相关知识

万用表种类繁多，外形结构不同，面板上的旋钮、开关布局也不尽相同。但都有带标尺的标度盘、转换开关、零欧姆调节器旋钮和供测量接线的插孔。在使用前应仔细了解面板结构并熟悉各旋钮的作用。

万用表在使用时，应水平放置，测量前需调节表头下方的调零旋钮使指针指于零位。将红、黑表笔分别插入正、负极插孔，然后根据测量种类将转换开关拨到相应的挡位上。要注意，不要将测量种类和量限挡位放错，否则会使表头损坏。

万用表标度盘上有数条标尺，要根据测量种类在相应的标尺上读取数据，"DC"或"—"为测量直流各量用的标尺，"AC"或"～"为测量交流各量用的标尺，"Ω"的标尺是测量直流电阻用的。

1. 直流电压的测量

估计被测直流电压的大小，选择适当的量限，将万用表转换开关拨到直流电压的相应挡位上，两表笔跨接于被测电压的两端，红表笔接至被测电压的正极，黑表笔接至被测电压的负极。若指针反偏，只需将两表笔交换后再进行测量。被测电压的正负由电压的参考极性和实际极性是否一致来决定。

2. 直流电流的测量

估计被测直流电流的大小，选择适当的量限，将万用表转换开关拨到直流电流的相应挡位上，两表笔与被测支路串联，使电流从红色正表笔流入，从黑色负表笔流出，若指针反偏，只需将两表笔交换后再进行测量。被测电流的正负由电流的参考方向和实际方向是否一致来决定。

3. 交流电压的测量

估计被测直流电压的大小，选择适当的量限，将万用表转换开关拨到交流电压的相应挡位上，两表笔跨接于被测电压的两端（不用区分正负），交流电压挡的标尺刻度为正弦交流电压的有效值，如果被测量不是正弦量，或频率超过表盘上规定的值，测量误差将增大。

三、操作步骤

1. 测量直流电压

调节直流稳压电源输出电压分别为 1 V、5 V、8 V、12 V、15 V、20 V、25 V、30 V，选择万用表直流电压相应挡位测上述各电压，将测量结果记入表 3-1 中。

2. 测量直流电流

按图 3-9 连接电路，直流电源输出电压为 10 V，$R=510\ \Omega$。选择好万用表直流电流挡的量限，闭合

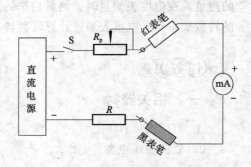

图 3-9　万用表测量直流电流电路

开关后，调节滑线变阻器分别为 $\frac{1}{4}R_P$、$\frac{1}{2}R_P$、$\frac{3}{4}R_P$、R_P，测量各自的直流电流值，记入表 3-1 中。在测量中，如需改变电流挡的量限，要断开开关 S 后进行。图中毫安表为万用表的直流电流挡。

3. 测量交流电压

用万用表交流电压挡，测量实验室的 220 V 和 380 V 的交流电源电压值，记入表 3-1 中。

表 3-1 记录表

项　目		测 量 记 录			
直流电压测量	挡位（　）				
	直流电源电压（　）				
	测量电压值（　）				
直流电流测量（R 为定值）	滑线电阻器 R_P	（1/4）R_P	（1/2）R_P	（3/4）R_P	R_P
	挡位				
	测量电流值（　）				
交流电压测量	挡位（　）				
	交流电源电压（　）				
	测量电压值（　）				

思考与练习

3.1　为什么要规定电流、电压的参考方向？何谓关联参考方向？

3.2　一个元件的功率为 $P=100$ W，试讨论关联与非关联参考方向下，该元件吸收还是发出功率？

3.3　何谓电动势？若一个电池与一个灯泡组成闭合电路，电池的端电压与电动势有何关系？

任务④

➡ 电路元件的认识与检测

人们在日常生活和工作中为什么离不开电呢？这是因为实际的用电设备能将电能转换成我们所需要的能量形式，来满足人们生活和工作的需要。例如，电灯能将电能转换成光能为人们照明，电热设备（电炉、电饭锅）能将电能转换成热能实现加热功能，电动机将电能转换成机械能实现电动功能，收音机、电视机能将电信号转换成音频和视频信号等。

各种用电设备能实现不同的转换功能，也许你会感到它们很神秘。实际上，这些看似复杂的东西都是由最简单的电路元件组合而成的。我们可以通过对简单电路的组成、元件特点、分析方法的研究，来认清复杂用电设备工作特性的本质。

任务目标

- 认识简单电路的基本结构。
- 理解电路元件的伏安特性，认识电阻器、电感器和电容器。
- 掌握电阻器和电容器的识别与测量方法。

任务描述

指导教师介绍常用电路元件的特性和检测方法，学生通过实际测量来加深理解它们的工作特性。

知识链接

一、认识简单电路

什么是电路？我们可以通过观察图 4-1（a）所示手电筒的结构来学习电路。按下手电筒按钮时，电珠就会发光。电珠为何会发光？显然是因为有电流流过电珠，电流是通过哪些环节由电池流到电珠的？电路由哪几部分组成呢？电路的各个组成部分起什么作用呢？

1. 路的组成及其功能

（1）电路的组成

电路是电流的流通路径，它是由一些电气设备和元器件按一定方式连接而组成的。

图 4-1（a）为手电筒的实际电路，它由电池、灯泡、开关和金属连片组成。当将手电筒的开关接通时，金属片把电池和灯泡连接成通路，就有电流通过灯泡，使灯泡发光，这时电

能转化为热能和光能。其中，电池是提供电能的器件，称为电源；灯泡是用电器件，称为负载；金属连片相当于导线，它和开关将电源与负载连接起来，起传输和控制作用，称为中间环节。

由此可知：一个完整的电路由电源、负载、中间环节（包括开关和导线等）三部分按一定方式组合而成。

图 4-1（b）为手电筒电路原理图。

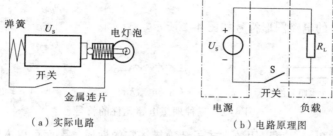

（a）实际电路　　　　　　（b）电路原理图

图 4-1　手电筒电路

（2）电路的功能

在通信、自动控制、计算机、电力等各个技术领域中，按各自的实际要求通过各种元器件和电气设备，组成了各种千差万别的电路。但就其实质而言其功能可概括为两个方面：

① 能量的传送、分配与转换：例如，电力系统中的输电线路。发电厂的发电机组将其他形式的能量转换为电能，通过变电站、输电线路传送分配到用电单位，再通过负载把电能转换为其他形式的能量，为社会生产与人们生活服务。

② 实现信息的传递与处理：通过将输入的电信号进行传送、转换或加工处理，使之成为满足一定要求的输出信号。例如载有音像、文字信息的电磁波即为电视机电路的输入信号，此电磁波信号通过天线收进电路并处理后送到显像管、扬声器，还原成音像，被人们看见、听到的即为电视机的输出信号。

电路按工作频率的不同可分为低频（包括直流）电路和高频电路。高频电路本书不做研究，本书只研究低频和直流电路，又称集总参数电路，高频电路属于分布参数电路。

2. 理想电路元件

实际电路种类繁多，用途各异，组成电路的元器件以及它们在工作过程中发生的物理现象也形形色色。但从能量的角度来看，电路在工作过程中存在三种电磁特性：电能的消耗、电能与电场能的转换、电能与磁场能的转换。在电路中一个实际电路器件往往具有两种或两种以上电磁特性，同时存在几种能量形式。

例如，一个白炽灯，当有电流通过时，它消耗电能，表现为电阻的性质；同时还会产生磁场，将电能转换为磁场能，因而兼有电感的性质；此外，电流还会产生电场，将电能转换为电场能，所以具有电容性质。如果在进行电路分析时将每个电路器件的电磁特性全部考虑进去，将会使电路的分析变得十分烦琐，甚至难以进行。为了分析的方便，借助于抽象的概念——理想电路元件（简称电路元件）。

理想电路元件就是具有某种确定的电或磁性质的假想元件。每一种理想电路元件只具有一种物理现象或性质，它们或它们的组合可以反映出实际电路器件的电磁性质和电路的电磁现象。

表示电路中消耗电能的元件称为电阻元件。如电灯、电炉、电阻器等实际器件均可用电阻元件作为模型。

具有储存和释放磁场能量性质的元件称为电感元件，如日光灯中的镇流器、电动机中定子线圈等可用电感元件作模型。

具有储存和释放电场能量性质的元件称为电容元件,各种电容器都可用电容元件作为模型。

三种电路元件的电路图形符号如图 4-2 所示。

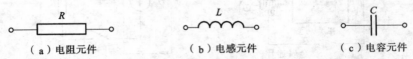

（a）电阻元件　　　　　　　（b）电感元件　　　　　　（c）电容元件

图 4-2　三种理想电路元件的符号

理想元件性质单一，可以用数学式子精确描述它的性质，因而可以方便地建立电路元件组成的电路模型的数学关系式，用数学的方法来分析计算电路，从而掌握电路的特性。

3. 电路模型

对于实际电路的研究一般可采取两种方法：一是测量法，用各种仪表对电路的各种物理量进行测试来研究电路的工作情况；另一种方法是分析法，根据实际的电路把它抽象成电路模型，通过分析计算来进行研究。

本书就是讲授如何通过电路模型来进行电路分析的。那么什么是电路模型呢？所谓电路模型就是用理想电路元件或它们的组合通过一定的连接来模拟实际电路的特性所构成的实际电路的模型（简称电路）。今后本书所说电路均指由电路元件构成的电路模型。

例如图 4-1（b）所示电路就是实际手电筒电路的模型。通过分析法对电路进行研究时，建立实际电路的模型（简称建模）是一项重要工作，建模时必须考虑工作条件，并按不同精确度的要求把给定工作情况下的主要物理现象及功能反映出来。

例如，一个实际电感器，如图 4-3（a）所示，在直流情况下，其模型可以是一个电阻元件，如图 4-3（b）所示；在较低频率下，就要用电阻元件和电感元件的串联组合模拟，如图 4-3（c）所示；在较高频率下，还应又要考虑到导体表面的电荷作用，即电容效应，所以其模型还需包含电容元件，如图 4-3（d）所示。

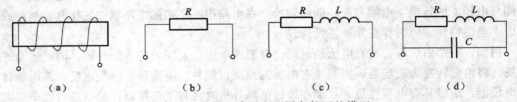

（a）　　　　　　（b）　　　　　　（c）　　　　　　（d）

图 4-3　实际电感器在不同条件下的模型

可见在不同的条件下，同一实际器件可能采用不同的模型。模型取得恰当，对电路分析和计算的结果就与实际情况接近，否则会造成很大误差，有时甚至导致自相矛盾的结果。如果模型取得太复杂就会造成分析困难，相反，如果取得太简单，就不足以反映所需求解的真实情况。所以建模问题需要专门研究，本书不进行介绍。

二、电路的基本元件

1. 电阻与电阻元件

电阻与电阻元件是两个不同的概念。电阻元件（又称电阻器）是反映电路器件消耗电能这一物理性能的理想元件。常将电阻元件简称电阻。电阻还是表征材料（或器件）对电流呈现的阻力以及消耗电能的一种参数，即电阻是电学的"量"的名称。

（1）电阻元件的伏安关系

欧姆定律指出：电阻元件上的电压与流过它的电流成正比。图4-4中的电阻电压、电流为关联参考方向，其伏安关系为

$$u=iR \tag{4-1a}$$

在直流电路中
$$U=IR$$

在图4-5所示的电压、电流非关联参考方向下，伏安关系应写成

$$u=-iR \tag{4-1b}$$

电阻元件有线性电阻元件和非线性电阻元件之分。在任何时刻，两端电压与流过的电流之间服从欧姆定律的电阻元件称为线性电阻元件。

线性电阻元件的伏安特性为过原点的一条直线，如图4-6所示。而非线性电阻元件的伏安特性依元件的不同而各不相同。

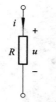　　　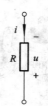　　　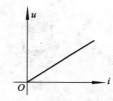

图4-4　关联参考方向　　　图4-5　非关联参考方向　　　图4-6　线性电阻的伏安特性

在国际单位制中，电阻的单位为欧姆（Ω），简称欧。电阻的倒数称为电导 G，单位为西门子（S），简称西。

$$G = \frac{1}{R} \tag{4-2}$$

当电路中 a、b 两端的电阻 $R=0$ 时，称 a、b 两点短路；而当电路中 a、b 两端的电阻 $R \to \infty$ 时，称 a、b 两点开路。

（2）电阻元件上的功率

根据式（4-3a）可知，在图4-4所示的电压、电流关联参考方向下，电阻 R 上的功率为
$$p=ui=(Ri)i=Ri^2 \tag{4-3a}$$

在图4-5所示的非关联参考方向下，电阻 R 上的功率为
$$p=-ui=-(-Ri)i=Ri^2 \tag{4-3b}$$

可见，$p \geqslant 0$，即电阻元件总是消耗（或吸收）功率。

（3）电阻器的分类

电阻器是实际的电路元件，只有在一定的电压、电流和功率范围内才能正常工作。电子设备中常用的碳膜电阻器、金属膜电阻器和线绕电阻器。在生产制造时，除注明标称电阻值（如 $100\ \Omega$、$10\ k\Omega$ 等），还要标注额定功率值〔如（1/8）W、（1/4）W、（1/2）W、1 W、2 W、

5 W 等］，以便用户使用时参考。常用电阻元件的外形与图形符号如图 4-7 所示。

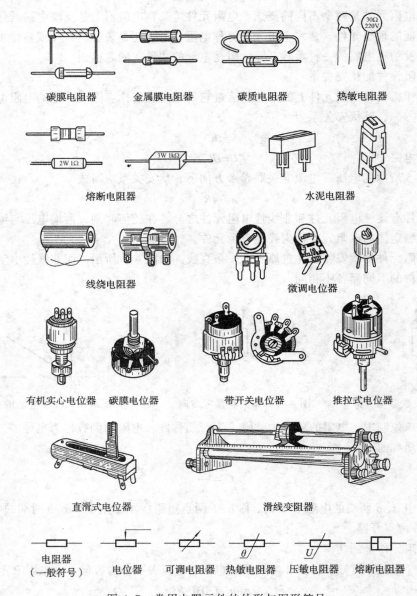

碳膜电阻器　金属膜电阻器　碳质电阻器　热敏电阻器

熔断电阻器　水泥电阻器

线绕电阻器　微调电位器

有机实心电位器　碳膜电位器　带开关电位器　推拉式电位器

直滑式电位器　滑线变阻器

电阻器（一般符号）　电位器　可调电阻器　热敏电阻器　压敏电阻器　熔断电阻器

图 4-7　常用电阻元件的外形与图形符号

在一般情况下，电阻器的实际工作电压、电流和功率均应小于其额定电压、电流和功率值。当电阻器消耗的功率超过额定功率过多或超过虽不多但时间长时，电阻器会因发热而温度过高，使电阻器烧焦变色甚至断开而产生电路故障。

2. **电感与电感元件**

（1）电感元件

电感元件（又称电感器）的基本结构是把一段导电良好的金属导线绕在一个骨架上（也可以是铁心）形成一个线圈，再外加屏蔽罩组成。电感元件是实际电感器的理想化模型，它是反映电路器件储存磁场能量这一物理性能的理想元件。通常将电感元件简称为电感，它也是表征材料（或器件）储存磁场能量的一种参数。

如图 4-8 所示，一个电感线圈，当电流 i 通过后，会产生磁通 Φ_L，若磁通 Φ_L 与 N 匝线圈相交链，则线圈的磁链为

$$\Psi_L = N\Phi_L$$

对于线性电感而言，磁链与线圈中电流的比值是一个常数，用 L 来表示为

$$\Psi_L = Li \tag{4-4}$$

电感器的文字符号用大写字母 L 表示。电感的单位是亨利（H），简称亨，常用的单位还有毫亨（mH）、微亨（μH）。它们之间的换算关系为

$$1\ H = 10^3\ mH = 10^6\ \mu H$$

（2）电感元件的伏安关系

图 4-9 所示为电感元件的图形符号，在图示的电压、电流关联参考方向下，其端钮伏安关系为

$$u_L = L\frac{\mathrm{d}i_L}{\mathrm{d}t} \tag{4-5}$$

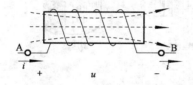

图 4-8　电感线圈

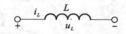

图 4-9　电感元件的图形符号

这是电感元件伏安关系的微分形式。在稳定的直流电路中，电流 $i=I$ 不随时间变化，所以 $u_L = L\frac{\mathrm{d}i_L}{\mathrm{d}t} = 0$。在电流不为零的情况下电压为零，即电感元件在直流电路中相当于短路。

由式(4-5)可知：

① 电感上任一时刻的自感电压 u_L 取决于同一时刻的电感电流 i_L 的变化率。即电流变化越快，电压也越大。

② 当电流 $i_L=I_L$ 为恒值时，由于电流不随时间变化，则 $u_L=0$，电感相当于短路。

③ 若任一时刻电感电压为有限值，电感电流 i_L 不能跃变。

④ 电感在直流电路中不消耗功率。

（3）电感器的分类

常见电感器的外形和图形符号如图 4-10 所示。

理想化的电感元件只有储存磁场能量的性质，其两端电压和流过的电流没有限制。在实际电路中使用的电感线圈类型很多，电感的范围也很大，从几微亨到几亨都有。

实际的电感线圈可以用一个理想电感或一个理想电感与理想电阻的串联作为它的电路模型。在电路工作频率很高的情况下，还需要再并联一个电容器来构成线圈的电路模型，如图 4-11 所示。在实际的电感器上除了标明其电感值外，还标明了它的额定电流。因为当电流超过一定值时，线圈将有可能由于温度过高而被烧坏。

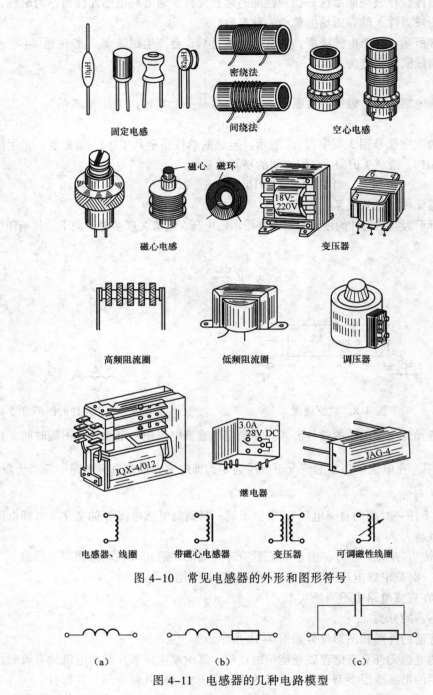

固定电感　密绕法　间绕法　空心电感

磁心　磁环　磁心电感　变压器

高频阻流圈　低频阻流圈　调压器

继电器

电感器、线圈　带磁心电感器　变压器　可调磁性线圈

图 4-10　常见电感器的外形和图形符号

（a）　　　　　（b）　　　　　（c）

图 4-11　电感器的几种电路模型

3. 电容与电容元件

（1）电容器

生产实际中的电容器种类繁多，基本结构的原理基本相同，把两块金属极板中间充满绝缘介质隔开，就构成电容器，其两块金属板称为电容器的极板，其上引出的金属导线作为接线端子。在外电源作用下，两块极板上能分别储存等量的异性电荷，并在介质中形成电场。

当外电源撤走后，两极板上的电荷能长久地储存。并在电荷所建立的电场中，储存着能量，因此我们可以说电容器是一种能够储存电场能量的部件。

电容元件是实际电容器的理想化模型，它是反映电路器件储存电场能量这一物理性能的理想元件。我们常将电容元件简称电容，它也是表征材料（或器件）储存电场能量的一种参数。

（2）电容元件的伏安关系

图 4-12 所示为电容元件的图形符号，其文字符号表示为 C。在国际单位制中，电容 C 的单位是为法拉，简称法，用 F 表示。有时也用微法（μF）、皮法（pF）等表示。其关系为

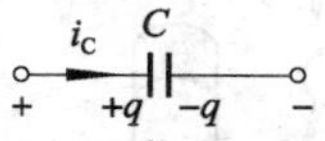

图 4-12　电容元件图形符号

$$1 \text{ F}=10^6 \text{ }\mu\text{F}=10^{12} \text{ pF}$$

电容元件上的电容量与电容器存储的电荷量 q 和它两端的电压 u_C 的关系为

$$q=Cu_c \qquad (4-6)$$

由此可知，当电容两端的电压升高时，其储存的电荷量增加,这一过程称为充电；电压降低时，电荷量减少，这一过程称为放电。电容在充放电过程中，它所储存的电荷随时间而变化。在电路分析中，当 u、i 采用关联参考方向时，根据电流强度的定义

$$i=\frac{\mathrm{d}q}{\mathrm{d}t}$$

将式（4-6）代入可得

$$i=C\frac{\mathrm{d}u_c}{\mathrm{d}t} \qquad (4-7)$$

式（4-7）是电容元件伏安关系的微分形式，在稳定的直流电路中，电容的端电压为一个常数，因此，流经电容的电流 $i=C\dfrac{\mathrm{d}u_c}{\mathrm{d}t}=0$，电容相当于开路。所以称电容有隔断直流的作用。

由式（4-7）可知：

① 电容上任一时刻的电流 i 取决于同一时刻的电容电压 u_C 的变化率。即电压变化越快，电流也越大。

② 当电压 $u_C=U_C$ 为恒值时，由于电压不随时间变化，则 $i=0$，电容相当于开路。

③ 若任一时刻电容中电流为有限值，电容电压 u_C 不能跃变。

④ 电容在直流电路中不消耗功率。

（3）电容器的分类

常用电容元件的外形与图形符号如图 4-13 所示。

电容元件是理想化的电路元件，它只有储存电场能量的性质，其两端电压和流过的电流没有限制。而实际电容器两极板之间的介质不可能是理想的，必然存在一定的漏电阻。就是说，它既有储能的性质，也有一些能量损耗。因此，实际电容器的电路模型中，除了电容之外，有时还应并联一个电阻元件。

另外，电容器上除了标明其电容外，还标明它的额定工作电压，以供用户选用。因为每个电容器能够承受的电压是有限的，电压过高，介质将被击穿，从而丧失了电容器的作用。

还有，电解电容器的两个极板是有正负极性的，所以电解电容器还标出了其负极，实际使用时两个电极不可用反。否则，电容器也将被击穿。

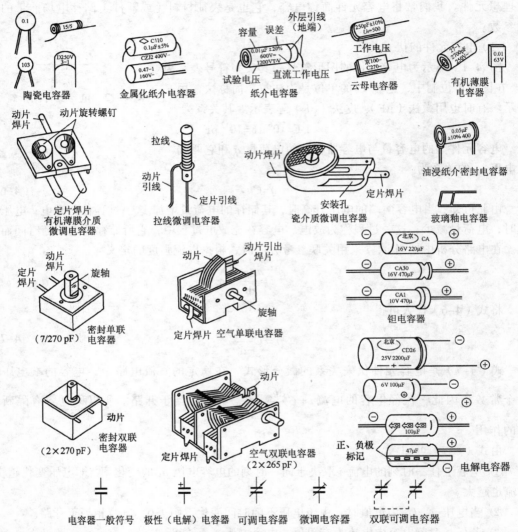

图 4-13　常见电容器的外形和图形符号

任务实施

一、相关器材

① 万用表，1 只；

② 色环电阻器及其他电阻器，若干；

③ 电容器（最好用电解电容器），若干。

二、相关知识

1. 电阻器的测量

（1）电阻器的标注方法

对于常用固定电阻器的阻值，可以通过电阻器本身的标称值进行读数。电阻器的主要参数有标称阻值、允许误差和额定功率。电阻器表面所标注的阻值称为标称阻值，不同电阻器的标注方法如图 4-14 所示。允许误差是指电阻器的实际阻值对于标称阻值的允许最大误差范围，可以通过查表得到。额定功率是指在规定的环境温度中允许电阻器承受的最大功率，也可以通过查表得到。

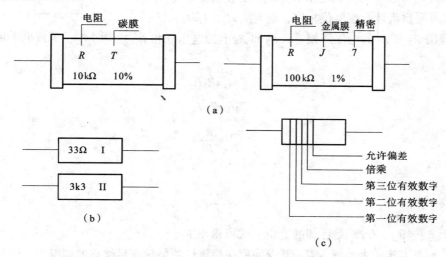

图 4-14　标称阻值的标注方法

（2）用万用表的欧姆挡直接测量

先估计被测电阻的大小，选择适当的量限，将万用表转换开关拨到电阻的相应挡位上，被测电阻的值应尽量接近这一挡位的中心电阻值，读数时误差较小。这种方法最简单，但准确度低。

（3）用伏安法进行测量

根据欧姆定律 $U=IR$，只要用电压表测出电阻两端的电压，用电流表测出通过电阻的电流，就可以求出电阻值，这就是测量电阻的伏安法，如图 4-15 所示。

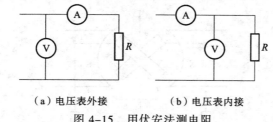

（a）电压表外接　　　　（b）电压表内接

图 4-15　用伏安法测电阻

要注意的是，图 4-15（a）所示的测量电路实际测量的电阻是电流表的内阻和被测电阻的串联值，而图 4-15（b）所示的测量电路实际测得的电阻是电压表的内阻和被测电阻的并联值。一般情况下，如果待测电阻的阻值比电流表的内阻大得多，则采用电压表外接法，由电流表的分压而引起的误差就小。如果待测电阻的阻值比电压表的内阻小得多，则采用电压表内接法，由电压表的分流而引起的误差就小。

（4）用直流单臂电桥（惠斯通电桥）法进行测量

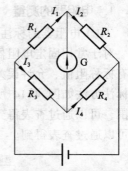

图 4-16　直流单臂电桥原理图

如图 4-16 所示，是直流单臂电桥的原理图。由四个桥臂 R_1、R_2、R_3、R_4 和直流电源以及检流计 G 组成，其中 R_1 为被测电阻。通过调节已知的可调电阻 R_2、R_3、R_4 使检流计 G 的电流为 0，则表明检流计两端电位相同，则有 $I_1=I_2$，$I_3=I_4$。

原理图 R_1 和 R_3 的电压降相等，R_2 和 R_4 上的电压降相等，所以有

$$R_1 I_1 = R_3 I_3$$

$$R_2 I_2 = R_4 I_4$$

$$\frac{R_1}{R_2} = \frac{R_3}{R_4}$$

得

$$R_1 = \frac{R_3}{R_4} R_2 \qquad\qquad (4\text{-}8)$$

由于 R_2、R_3、R_4 都是已知的，由上式可得出 R_1。

这种测量方法的准确度较高，其准确度在检流计的灵敏度足够高的情况下，与电源无关，仅由标准电阻的准确度决定。

（5）高阻值电阻器的测量

对电动机线圈和外壳之间的绝缘电阻器以及其他高阻值电阻器一般常用兆欧表测量。兆欧表是一种利用磁电式流比计的线路来测量高电阻器的仪表，其构造如图 4-17 所示。在永久磁铁的磁极间放置着固定在同一轴上而相互垂直的两个线圈，一个线圈与电阻 R 串联，另一个线圈与被测电阻 R_x 串联，然后将两者与直流电源并联。直流电源是一手柄式直流发电机，其端电压为 U。当电阻上加有电压时，兆欧表头的偏转角与被测电阻 R_x 有一定的函数关系。因此，仪表的刻度 R 就可以直接按电阻值来分度。

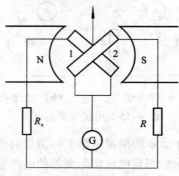

图 4-17　兆欧表的构造

2. 电容器的测量

（1）电容器容量的鉴别

电容器的容量一般可直接由电容器外壳上标注的数据读取。一般标注的规则是：当容量在 100 pF~1 μF 时，常不标注单位，没有小数点的其单位是 pF，有小数点的其单位是 μF，如 4700 就是 4700 pF，0.22 就是 0.22 μF；当容量大于 10 000 pF 时，可用 μF 为单位，容量小于 10 000 pF 时用 pF 为单位。若电容器的标注被擦除或看不清时，可用电容表进行测量。

（2）电容器的好坏判断

电容器常见故障有断路、短路、漏电等，可用万用表来进行其好坏判断。

① 漏电电阻的测量：把两表笔分别接到电容器的两引脚，将万用表转换开关拨到欧姆挡（$R \times 10$ k 或 $R \times 1$ k 挡），可以看到万用表指针先摆向零，然后慢慢反向退回到无穷大附近。当指针稳定后所指示值即为该电容器的漏电电阻。若指针离无穷大较远，表明电容器漏电严重，此电容器不能使用。

② 断路测量：对于 0.01 μF 以上的电容器可以用万用表进行测量，但必须根据电容器容量的大小，选取合适量程才能正确判断。如测量 0.01~0.47 μF 的电容器用（$R \times 10$ k）挡；测 0.47~10 μF 的电容器用 $R \times 1$ k 挡；测 10~300 μF 电容器用 $R \times 100$ 挡；测 300 μF 以上电容器可用 $R \times 10$ 或 $R \times 1$ 挡。具体测量时用万用表的两表笔分别接到电容器的两引脚，如表针不动，将表笔对调后再测量，表笔仍不动，说明电容器已断路。对于 0.01 μF 以下的小电容，用万用表不能判断其是否断路，只能用其他仪表进行鉴别（如 Q 表等）。

③ 电容器短路测量：用万用表的 $R \times 1$ 挡将两表笔分别接电容器的两引脚，如指示值很小或为零，且指针不返回，说明电容器已被击穿，不能使用。

（3）电解电容器极性的判别

在生产实际中，经常用到电解电容器，它的极性不能接反。判别的方法是用万用表正、反两次测量电解电容器的漏电电阻，将两次所测得的阻值对比，漏电电阻小的那一次，黑表笔所接触的就是电解电容器的负极。

3. 电感器的好坏判断及大小判别

实际中使用电感器，常见的故障为电感器断路。判断的方法是万用表的欧姆挡 $R \times 1$ 或 $R \times 10$ 挡测量电感器的阻值，若为无穷大，表明电感器断路；若电阻值小，表明电感器正常。

可直接由标在固定电感器外壳上的数字读取电感量。当数字不清或被擦除时，应该用高频 Q 表或电桥等仪器进行测量。

三、操作步骤

1. 用万用表测量电阻器电阻

首先读出各给出的色环及其他电阻器的阻值（按图 4-14 和表 4-1），选择合适的挡位进行测量，每挡测量三个电阻，将测量结果记入表 4-2 中。

表 4-1 色环所代表的意义

颜 色	有效数字	乘 数	允许误差 %
银	—	10^{-2}	±10
金	—	10^{-1}	±5
黑	0	10^{0}	—
棕	1	10^{1}	±1
红	2	10^{2}	±2
橙	3	10^{3}	—
黄	4	10^{4}	—
绿	5	10^{5}	±0.5
蓝	6	10^{6}	±0.2
紫	7	10^{7}	±0.1
灰	8	10^{8}	—
白	9	10^{9}	±5
无色	—	—	±20

表 4-2 记录表

项 目		测 量 记 录			
电阻	电阻挡倍率	$R×1$	$R×10$	$R×1k$	$R×10k$
	测量电阻值（ ）				

2. 测电容

根据已知电容器的容量大小，选择合适的电阻挡位进行测量，以判定电容器的质量，同时判别电容器的极性，设计表格，做好记录。

四、注意事项

① 用万用表测量电流和电压时，换挡需在断开电源后进行。

② 为确保人体安全和测量结果的准确性，用万用表测量时，人体不要接触表笔的金属部分。

③ 不可用万用表的电阻挡或电流挡去测量电压，以避免烧坏表头。

思考与练习

4.1 电路由哪几部分组成？电路的作用有哪些？请列举出两个生活中常见的实际电路。

4.2 何为线性电阻元件？请举出两个常见实例。

4.3 欧姆定律写成 $U=-RI$ 时，有人说此时电阻是负的，对吗？为什么？

4.4 简述电感元件在电路中的储能作用，并说明与电容器的储能有何不同。

→ 电路中电位的测量及故障检测

电路中的电位就相当于电场中的电势，它是测量和分析复杂电路时常用的电量。在实际应用中电位经常被用于电路调试和故障检测。因此，要通过对电位的测量来分析它在电路工作中的作用。

- 掌握电路中电位的计算方法。
- 学会测量电路中的电位和电压，并确定其正负号。
- 学会用测电位、电压、电阻等方法分析、判断电路故障的原因和位置。

指导教师介绍电位的测量方法和故障检测方法，学生通过实际电路的测量来掌握故障的检测方法。

一、电路中电位的计算

电路中电流之所以能够沿着电压的方向流动，是因为电路中某两点之间存在电位差。要比较两点的电位高低，必须要确定计算电位的起点——零参考点。常以大地作为参考点，电子电路中则以金属底板、机壳或公共点作为参考点，用符号"⊥"表示。

电路中，当选定参考点后，某点对参考点的电压即为该点的电位，用字母 V 表示，故电位的单位与电压相同。在电路中不确定参考点而讨论电位是没有意义的，在一个电路中只能选一个参考点，其本身的电位为零，一旦选定，电路中其他各点的电位也就确定了。当参考点选择不同时，同一点的电位值也随之改变，可见电路中各点电位的大小与参考点的选择有关。

由电位的定义可知：电路中 a 点到 b 点的电压就是 a 点电位与 b 点电位之差，即

$$U_{ab}=V_a-V_b$$

所以电压又称电位差。

【例】如图 5-1（a）所示，已知电路中 U_{ab}=60 V，U_{ca}=80 V，U_{da}=30 V，U_{cb}=140 V，U_{db}=90 V，求：电路中各点电位。

解：设电路中 a 点为参考点，即 V_a=0 ［见图 5-1（b）］，则可得出

$$V_b-V_a=U_{ba} \qquad V_b=U_{ba}=-60\ \text{V}$$
$$V_b-V_a=U_{ca} \qquad V_c=U_{ca}=+80\ \text{V}$$
$$V_b-V_a=U_{da} \qquad V_d=U_{da}=+30\ \text{V}$$

可看出 b 点的电位比 a 点低 60 V，而 c 点和 d 点的电位比 a 点分别高 80 V 和 30 V。

如果设 b 点为参考点，即 $V_b=0$，则可得出

$$V_a=U_{ab}=+60\ \text{V}$$
$$V_c=U_{cb}=+140\ \text{V}$$
$$V_d=U_{db}=+90\ \text{V}$$

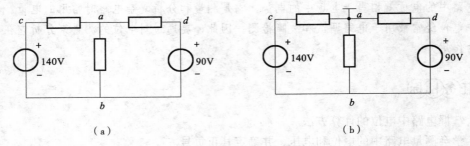

图 5-1　例 5-1 图

从上面的结果可以看出：

① 电路中某一点的电位等于该点与参考点（电位为零）之间的电压；

② 参考点选得不同，电路中各点的电位值随着改变，但是任意两点间的电压值是不变的。所以各点电位的高低是相对的，而两点间的电压值是绝对的。

在电子电路中，为使电路简化常省略电源不画，而在电源端用电位的极性及数值标出，如图 5-2（a）的电路可改画为图 5-2（b）的电路，a 端标出 $+V_a$，意为电压源的正极接在 a 端，其电位值为 V_a，电源的负极则接在参考点 c。

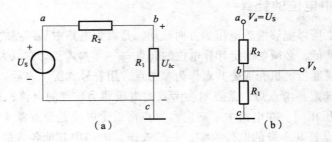

图 5-2　用电位简化电路

二、电路中电压和电位的测量

测量电路中任意两点间的电压时，先在电路中假定电压的参考方向（或参考极性），将电压表的正、负极性分别与电路中假定的正、负相连接。若电压表正向偏转（实际极性与参考极性相同），则该电压记作正值；若电压表反向偏转，立即将电压表的两表笔相互交换接触位置，再读取读数（实际极性与参考极性相反），则该电压记作负值。

测量电路中的电位时，首先在电路中选定一参考点，将电压表跨接在被测点与参考点之

间，电压表的读数就是该点的电位值。当电压表的正极接被测点，负极接参考点，电压表正向偏转，该点的电位为正值；若电压表反向偏转，立即交换电压表两表笔的接触位置，读取读数，该点的电位即为负值。

三、电路故障的检查和判断

首先要知道各点的正常情况下的电位值，这可根据电路结构计算出来，或者先将已知的正常工作时的电位值标出来，例如各种家用电器，出厂前已在电路图中标出正常工作时的电位值。

然后将测出的故障时的电位值与正常值比较，根据电路结构分析从而判断出故障的部位和元件。

一、相关器材

1. 双输出直流稳压电源，1台；
2. 可调电阻器，1只；
3. 直流电流表，1只；
4. 直流电压表（或万用表），1只；
5. 电阻器[100 Ω、200Ω，均1 W]，各1只。

二、操作步骤

① 按图5-3连线。U_{S1}=3 V（稳压电源Ⅰ），U_{S2}=8 V（稳压电源Ⅱ），R_1=100 Ω，R_2=200 Ω，R_P为可调电阻器，选择 D 点为参考点，调节 $R_p=R_2$、$R_p=R_2/2$ 时，分别测量 A、B、C、E 各点电位，记入表5-1中。

② 取上述情况的 $R_p=R_2/2$ 时作正常情况电路。当 R_2 断路和 R_2 短路两种情况下，分别测量 A、B、C、E 各点电位，记入表 5-1 中。比较故障时的测量值与正常情况的值的差别，重新分析出故障的原因。

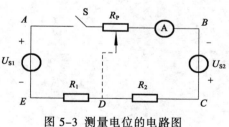

图 5-3 测量电位的电路图

表 5-1　记录表

电路状态		D 点 为 参 考 点			
		V_A（　）	V_B（　）	V_C（　）	V_E（　）
正常	$R_p=R_2$				
	$R_p=R_2/2$				
断开故障	$R_p=R_2/2$				
短路故障	$R_p=R_2/2$				

思考与练习

5.1 受控电源有几种?分别写出输出端与输入端的控制关系。

5.2 简述独立电源与受控电源的区别与联系。

5.3 在故障电阻电路中当某点电位比正常值高,一般来说是什么故障? 比正常值低呢?

5.4 对电阻电路来讲,除用测电位的方法判定故障外还可用什么方法判断故障部位及元件?

任务⑥

➡️ **电路中电压和电流的分配关系**

实际电路在工作时都是将电源的电能分配给用电设备，那么电能在电气设备各个电路元件中是如何分配的呢？应该遵循怎样的规律呢？

我们在中学物理中学习过简单电路（单一回路电路）的分析和计算方法，而面对多电源结构复杂的电路，我们往往无从下手。这就要求我们要掌握复杂电路所遵循的电能分配规律，按照规律来分析和计算。下面通过对复杂电路的测量来总结它们的内在规律并加以推广应用。

任务目标

- 理解理想电源的伏安特性及受控源的特点。
- 掌握基尔霍夫定律及其推广。
- 掌握应用基尔霍夫定律分析复杂电路的方法。

任务描述

指导教师让学生通过对复杂电路中电压、电流的测量，来归纳总结电压、电流的分配规律，并加以推广和应用。

知识链接

一、电源

电路中的耗能器件或装置有电流流动时，会不断消耗能量。为电路提供能量的器件或装置就是电源。常用的直流电源有干电池、稳压电源、稳流电源等。常用的交流电源有电力系统提供的正弦交流电源、各种信号发生器等。为了得到各种实际电源的电路模型，首先定义理想电源。理想电源是实际电源的理想化模型，根据实际电源工作时的外特性，一般将独立电源分为电压源、电流源两种。

1. 理想电源

理想电源按其特性的不同，又可分为理想电压源和理想电流源两种（本任务只涉及直流电源）。

1）理想电压源

理想电压源的文字符号及图形符号和伏安特性如图 6-1 所示，图中"+"、"-"号为 U_S 的参考极性。

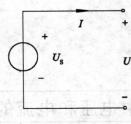 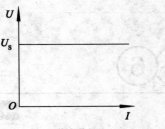

（a）理想电压源的符号　　　（b）伏安特性

图 6-1　理想电压源的符号及伏安特性

由伏安特性可知理想电压源的特点如下：

① 它的端电压保持为一个定值 U_S，与流过它的电流无关；

② 通过它的电流取决于它所连接的外电路。

【例 6-1】在图 6-2 所示电路中，U_S=15 V，负载 R 为可调电阻器，求电阻 R 的值分别为 3 Ω、30 Ω、∞时，电路中的电流 I、理想电压源的端电压 U 及功率 P_S。

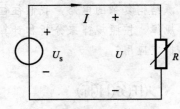

图 6-2　例 6-1 图

解：U=U_S=15 V

（1）当 R=3 Ω 时

$$I = \frac{U}{R} = \frac{15\text{ V}}{3\text{ }\Omega} = 5\text{ A}$$

$$P_S = -U_S I = -15\text{ V} \times 5\text{ A} = -75\text{ W（发出功率）}$$

（2）当 R=30 Ω 时

$$I = \frac{U}{R} = \frac{15\text{ V}}{30\text{ }\Omega} = 0.5\text{ A} \qquad P_S = -U_S I = -15\text{ V} \times 0.5\text{ A} = -7.5\text{ W（发出功率）}$$

（3）当 R=∞时

$$I = \frac{U}{R} = 0\text{ A} \qquad P_S = -U_S I = -15\text{ V} \times 0\text{ A} = 0\text{ W}$$

注意：如果电压源的功率 P_S>0，则电压源吸收功率，那么电压源 U_S 可以看作一个正在被充电的电池。

2）理想电流源

理想电流源的文字符号及图形符号和伏安特性如图 6-3 所示，图中箭头所指方向为 I_S 的参考方向。

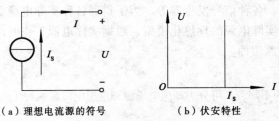

（a）理想电流源的符号　　　（b）伏安特性

图 6-3　理想电流源的符号及伏安特性

由伏安特性可知理想电流源的特点如下：

① 流过它的电流保持为一个定值 I_S，与它两端的电压无关；

② 它的端电压取决与它所连接的外电路。

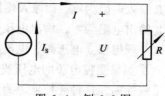

【例6-2】图6-4电路中，I_S=3 A，负载 R 为可调电阻器，求电阻 R 的值分别为 0 Ω、10 Ω、30 Ω 时，理想电流源的电压 U、电路中 I 及功率 P_S。

图6-4　例6-2图

解：$I=I_S=3$ A

（1）当 R=0 Ω 时

$$U=IR=3 \text{ A}\times0 \text{ }\Omega=0 \text{ V} \qquad P_S=-UI_S=0 \text{ W}$$

（2）当 R=10 Ω 时

$$U=IR=3 \text{ A}\times10\Omega=30 \text{ V} \qquad P_S=-UI_S=-30 \text{ V}\times3 \text{ A}=-90\text{W}（发出功率）$$

（3）当 R=30 Ω 时

$$U=IR=3 \text{ A}\times30 \text{ }\Omega=90 \text{ V} \qquad P_S=-UI_S=-90 \text{ V}\times3 \text{ A}=-270\text{W}（发出功率）$$

注意：如果电流源的功率 P_S>0，则电流源吸收功率。

2. 受控电源

前面所讨论的两种电源模型：电压源和电流源，其电压与电流都不受电路其他量的影响而独立存在，所以是独立电源。在电子电路中，还经常遇到另一类型的电源，它们的电压或电流并不独立存在，而是受电路中其他部分的电压或电流的控制，这种电源称为受控电源。

当控制的电压或电流消失或等于零，受控电源的电压或电流也将为零，当控制的电压或电流增加、减少或极性发生改变时，受控电源的电压或电流也将增加、减少或改变极性，所以受控电源又可称非独立电源。如场效应管是一个电压控制元件，晶体管是一个电流控制元件，运算放大器既是电压控制元件，又是电流控制元件。

根据受控电源在电路呈现的是电压还是电流，以及这一电压或电流是受电路中另一处的电压还是电流所控制，受控电源又分成电压控制电压源（VCVS）、电流控制电压源（CCVS）、电流控制电流源（CCCS）、电压控制电流源（VCCS）四种类型。四种理想受控电源的模型如图6-5所示。

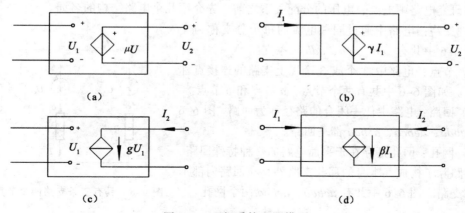

图6-5　理想受控电源模型

所谓理想受控电源就是它的控制端（输入端）和受控端（输出端）都是理想的。在控制端，对电压控制的受控电源，其输入端电阻无穷大，即输入端开路；对电流控制的受控电源，其输入电阻为零,即输入端短路,这样,控制端消耗的功率为零。在受控端,对受控电压源,其输出电阻为零,输出电压恒定;对受控电流源,其输出端电阻为无穷大,输出电流恒定。这与理想独立电压源、电流源相同。

如果受控电源的电压或电流和控制它们的电压或电流之间有正比关系,则这种控制作用是线性的,这种受控电源为线性受控电源,如图 6-5 所示中的系数 μ、γ、g 及 β 都是常量。这里 μ 和 β 是无量纲的数,γ 具有电阻的量纲,即单位为 Ω,g 具有电导的量纲,即单位为 S。在电路图中,受控电源用菱形表示,以便与独立电源的符号相区别。

图 6-5 所示的四种理想受控源中的输入端、输出端还要与电路有关元件相连接。需要指出的是,独立电源与受控源在电路中的作用有着本质的区别。独立电源作为电路的输入,代表着外界对电路的激励作用,是电路中产生响应的源泉。受控电源是用来表示电路中某一元件所发生的物理现象的电路模型,它反映了电路中某处的电压或电流能控制另一处的电压或电流的关系。受控源的 μ、γ、g、β 等参数都是输出量与输入量之比,表示了受控源输出端与输入端之间电压、电流的耦合关系。在电路中,受控源不是激励。

本书所涉及的受控源均为线性受控源,对给出的含有受控源的电路模型会分析计算就行,对于由实际元件(如晶体管、场效应管等)如何得到含有受控源的电路模型,是后续课中讨论的问题,在此不做深究。虽说受控源属于多端元件,但就输出端来说,它相当于一个二端子电源,只是该电源的大小方向受另外地方的电压或电流的控制。

对于含有受控电源的线性电路的分析,只需将受控源按照独立源来看待,同样应用电路的基本定律和分析方法,但要考虑到受控电源的特性。

二、电路结构名词

只含有一个电源的串并联电路的电流、电压等的计算可以根据欧姆定律求出,但含有两个以上电源的电路,或者电阻特殊连接构成的复杂电路的计算,仅靠欧姆定律则解决不了根本的问题,必须分析电路中各电流之间和各电压之间的相互关系。

在研究电路中电流、电压的分配关系之前,先介绍几个电路结构的名词。

① 支路:电路中通过同一电流的每个分支称为支路。图 6-6 中共有 aeb、acb、adb 三条支路。

② 节点:电路中 3 个或 3 个以上支路的连接点称为节点。如图 6-6 中共有两个节点,a 节点和 b 节点。

③ 回路:电路中任一闭合的路径称为回路。图 6-6 中的 $acbda$、$aebca$、$aebda$ 都是回路。

④ 网孔:网孔是存在于平面电路的一种特殊回路,这种回路除了构成其本身的那些支路外,在回路内部不另含有支路。图 6-6 中共有 $acbda$、$aebca$ 两个网孔。

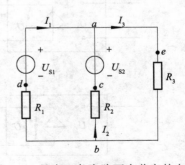

图 6-6 具有三条支路两个节点的电路

一、相关器材

① 双输出直流稳压电源,1台;

② 直流电压表（或万用表），1 只；

③ 直流电流表，1 只；

④ 电流插座，1 只；

⑤ 电阻器[330Ω、510Ω、1kΩ，均 1W]，共 5 只。

二、操作步骤

通过对图 6-7 所示电路支路电流和各段电压的测量结果，来分析一下复杂电路中的电流和电压是如何分配的，它们之间存在怎样的相互关系。

按图 6-7 接线。分别测量表 6-1 中各支路电流和各段电压的数值，记入表 6-1 中。

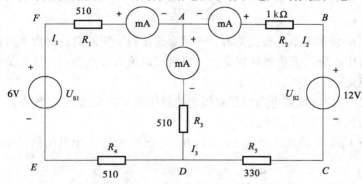

图 6-7　基尔霍夫定律实验电路

表 6-1　电流及电压值

被测量	I_1/mA	I_2/mA	I_3/mA	U_{S1}/V	U_{S2}/V	U_{FA}/V	U_{DE}/V	U_{BA}/V	U_{DC}/V	U_{AD}/V
测量值										

分析表 6-1 中的数据是否符合下列关系，通过分析我们能得到什么样的结论？

① 节点 A 上的电流关系：$I_1+I_2=I_3$。

② 回路 FADEF 上的电压关系：$U_{FA} + U_{AD} + U_{DE} = U_{S1}$。

回路 BADCB 上的电压关系：$U_{BA} + U_{AD} + U_{DC} = U_{S2}$。

回路 BAFEDCB 上的电压关系：$U_{BA} - U_{FA} - U_{DE} + U_{DC} = U_{S2} - U_{S1}$。

 任务拓展

基尔霍夫定律是电路中各电流之间和各电压之间相互关系的基本定律，它包含基尔霍夫电流定律（KCL）和基尔霍夫电压定律（KVL）。

一、基尔霍夫电流定律

基尔霍夫电流定律（Kirchhoff's Current Law，KCL）基本内容是：对于集中参数电路的任一节点，在任一瞬间，流入该节点的电流之和等于流出该节点的电流之和。

KCL 数学表示式为

$$\sum i_{入} = \sum i_{出} \tag{6-1a}$$

在图 6-7 中，I_1、I_2、I_3 的电流参考方向如图，对节点 A 得

$$\sum I_入 = I_1 + I_2, \quad \sum I_出 = I_3$$

由 KCL 可得
$$I_1 + I_2 = I_3$$

或
$$I_1 + I_2 - I_3 = 0$$

所以基尔霍夫电流定律还可以表述为：对于集中参数电路的任一节点，在任一瞬间，通过该节点的各支路电流的代数和恒等于零。KCL 数学表示式也可以写为

$$\sum i = 0 \qquad\qquad (6\text{-}1b)$$

在应用式（6-1b）表示电流关系时，不但要选定每一支路电流的参考方向，而且要事先对节点电流方程中电流的正负做好规定。一般规定以流入节点为正，流出节点为负。当然也可以作相反的规定。

KCL 还可以推广应用到电路中任意假想的封闭面（广义结点）。即在任一瞬间通过任一封闭面的电流的代数和恒等于零。

如对图 6-8（a）中的封闭面得 $I_1+I_2+I_3=0$，对图 6-8（b）中封闭的网络 B 得 $I_1-I_2=0$。

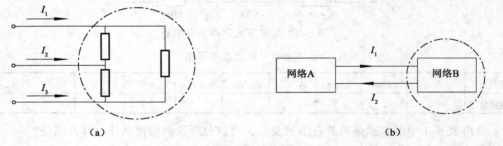

（a）   （b）

图 6-8 基尔霍夫电流定律推广

【例 6-3】在图 6-9 所示的电路中，已知 $i_1=6A$，$i_2=-4A$，$i_3=-8A$，$i_4=10A$，求 i_5。

解：根据公式（6-1a），列出电路中 a 点电流关系为

$$i_1+i_4=i_2+i_3+i_5$$
$$i_5=i_1+i_4-i_2-i_3$$
$$=6A+10A-(-4)A-(-8)A=28A$$

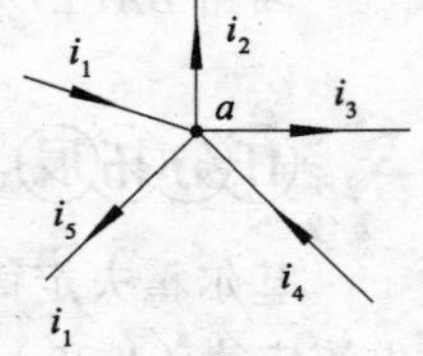

图 6-9 例 6-3 图

二、基尔霍夫电压定律

基尔霍夫电压定律（Kirchhoff's Voltage Law，KVL）基本内容为：对于集中参数电路的任一回路，在任一瞬间，沿任意给定的绕行方向，该回路内各段电压代数和等于零。其数学表达式为

$$\sum u = 0 \qquad\qquad (6\text{-}2a)$$

式中：各段电压符号按照其参考方向与选定的回路绕行方向的关系来确定。凡是电压的参考方向与选定的回路绕行方向相同时电压为正，该电压取前面"＋"号，相反时电压为负，该电压取前面"－"号，

在图 6-10 电路中，按照确定的绕向，其 KVL 关系式为

$$-U_1-U_{S1}+U_2+U_{S2}+U_3=0$$
$$-U_1+U_2+U_3=U_{S1}-U_{S2}$$

所以基尔霍夫电压定律还可以表述为：对于集中参数电路的任一回路，在任一瞬间，沿任意给定的绕行方向，该回路内各支路负载电压降的总和恒等于各支路电源电压升的总和。其数学表达式为

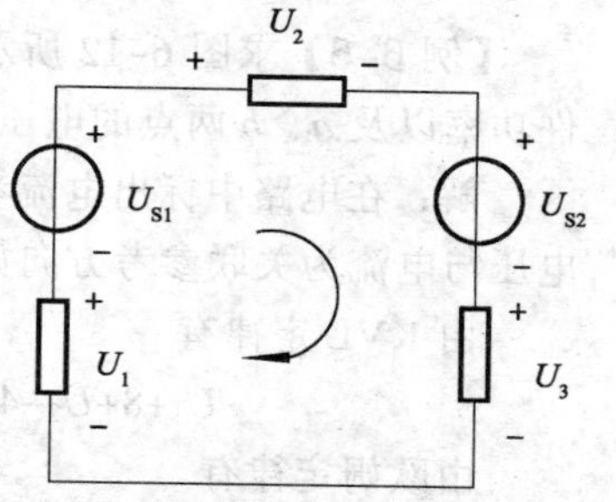

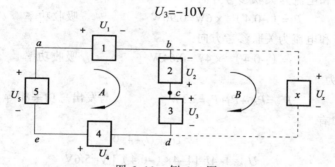

图 6-10　电路图

$$\sum u_i = \sum u_s \qquad (6-2b)$$

式中：u_i 为回路上各支路负载电压，以电压"降"为正；u_s 为回路上各支路电源电压，以电压"升"为正。

【例 6-4】图 6-11 表示一复杂电路中的一个回路，已知各元件电压 $U_1=U_4=2\text{V}$，$U_2=U_5=-5\text{V}$，求 U_3。

解：各元件上的电压参考极性如图 6-10 中所示，从 a 点出发顺时针方向绕行一周，由式（6-2a）可得

$$U_1-U_2+U_3-U_4-U_5=0$$

将已知数据代入上式得

$$2\text{V}-(-5\text{V})+U_3-2\text{V}-(-5\text{V})=0$$

解得

$$U_3=-10\text{V}$$

图 6-11　例 6-4 图

U_3 为负值说明 U_3 的实际极性与图中的参考方向相反。从本题可以看到，为正确列写 KVL 方程，首先应在电路图中标注回路中各个元件的电压参考方向，然后选定一个绕行方向（顺时针或逆时针均可），自回路中某一点开始按所选绕行方向绕行一周，若某元件上电压的参考方向与所选的绕行方向相同，电压取正号；反之取负号。

基尔霍夫电压定律不仅适用于电路中的具体回路，对于电路中的虚拟回路，KVL 也是适用的。例如图 6-11 中虚拟回路 B，可列 KVL 方程如下：

$$U_x-U_3+U_2=0$$

式中：U_X 为虚拟元件上的电压。代入 U_2、U_3 的值，得

$$U_x=U_3-U_2=-10\text{V}-(-5\text{V})=-5\text{V}$$

基尔霍夫定律是电路分析的基础，它反映了电路结构对各元件电压电流之间的约束关系。这种结构约束关系与各元件自身的电压电流约束关系一起，成为电路分析的两个基本关系。下面举几个例子来说明怎样综合应用基尔霍夫定律和欧姆定律求解简单的电阻电路。

【例 6-5】 求图 6-12 所示电路的电流和各元件功率以及 a、b 两点的电压 U_{ab}。

解： 在电路中标出电流参考方向，并取电阻电压与电流为关联参考方向如图所示。

由 KVL 定律有

$$U_1+8+U_2-4=0$$

由欧姆定律有

$$U_1=6I$$
$$U_2=4I$$

代入 KVL 方程得

$$6I+8+4I-4=0$$
$$I=-0.4$$

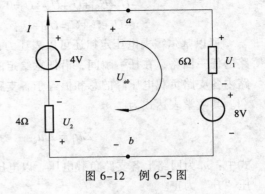

图 6-12 例 6-5 图

8V 电源电压和电流为关联参考方向

$$P_{8V}=8\times(-0.4)\text{W}=-3.2\text{W}$$ 发出功率

4V 电源电压和电流为非关联参考方向

$$P_{4V}=-4\times(-0.4)\text{W}=1.6\text{W}$$ 吸收功率

6Ω 电阻电压和电流为关联参考方向

$$P_1=(-0.4)^2\times6\text{W}=0.96\text{W}$$ 吸收功率

4Ω 电阻电压和电流为关联参考方向

$$P_2=(-0.4)^2\times4\text{W}=0.64\text{W}$$ 吸收功率

吸收总功率为

$$P_{\text{吸}}=P_{4V}+P_1+P_2=3.2\text{W}$$ 与发出总功率相等

由 KVL 定律有

$$U_{ab}+U_2-4=0$$
$$U_{ab}=4-4I=[4-4\times(-0.4)]\text{V}=5.6\text{V}$$

【例 6-6】 求图 6-13 电路中两个电阻上的电流和各元件的功率。

解： 各电流和电压的参考方向如图 6-13 所示。

由 KCL 定律有

$$-9+I_1+I_2+3=0$$

由欧姆定律有

$$I_1=\frac{U}{5} \qquad I_2=\frac{U}{10}$$

代入 KCL 方程得

$$-9+\frac{U}{5}+\frac{U}{10}+3=0$$

故

$$U=20\text{V}$$

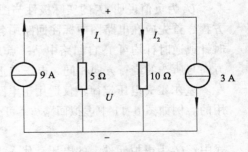

图 6-13 例 6-6 图

$$I_1=\frac{20}{5}\text{A}=4\text{A} , \qquad I_2=\frac{20}{10}\text{A}=2\text{A}$$

9A 电源电压和电流为非关联参考方向，其功率为

$$P_{9A}=[20\times(-9)]\text{W}=-180\text{ W}$$ 发出功率

3A 电源电压和电流为关联参考方向，其功率为

$$P_{3A}=(20\times3)\text{W}=60\text{ W}$$ 吸收功率

5Ω 电阻电压和电流为关联参考方向，其功率为

$$P_1=(4^2\times5)\text{W}=80\text{ W}$$ 吸收功率

10Ω 电阻电压和电流为关联参考方向，其功率为

$$P_2=(2^2\times10)\text{W}=40\text{ W}$$ 吸收功率

吸收总功率为

$$P_{吸}=P_{3A}+P_1+P_2=180\text{ W}$$ 与发出总功率相等

【例 6-7】如图 6-14 所示电路，已知：$U_{S1}=8$ V，$I_S=(1/6)U_2$，$R_1=2$ Ω，$R_2=3$ Ω，$R_3=4$ Ω，试求 U_2。

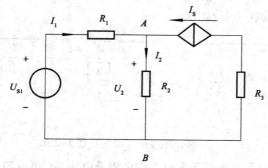

图 6-14   例 6-7 图

解：取顺时针绕行方向，按图中标出的电流、电压参考方向对回路 $R_2U_{S1}R_1$ 列 KVL 方程为

$$U_2-U_{S1}+I_1R_1=0$$

得

$$I_1=(U_{S1}-U_2)/R_1 \qquad\qquad (1)$$

对节点 A 列 KCL 方程得

$$I_1+I_S-I_2=0 \qquad\qquad (2)$$

受控源的特性为

$$I_S=(1/6)U_2 \qquad\qquad (3)$$

由欧姆定律，有

$$U_2=I_2R_2 \qquad\qquad (4)$$

联立（1）、（2）、（3）、（4），解方程组得

$$U_2=6\text{ V}$$

思考与练习

6.1   试说明 KCL、KVL 的含义及使用范围。

6.2   试讨论对于 n 个节点的电路，有几个独立的 KCL 方程？并举例说明。

综合练习题（一）

1-1　求综合练习图 1-1 所示电路中二端电路产生的功率。

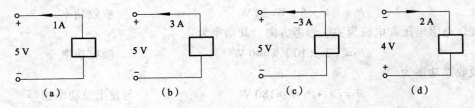

综合练习图 1-1　习题 1-1 图

1-2　综合练习图 1-2 所示电路中，分别求 A、B、C 中的电流。其中：A 吸收功率 72 W，B 产生功率 100 W，C 吸收功率 60 W。

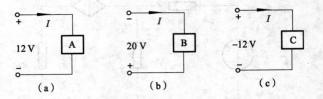

综合练习图 1-2　习题 1-2 图

1-3　计算综合练习图 1-3 所示各电路中电阻及电压源、电流源功率并说明功率的性质。

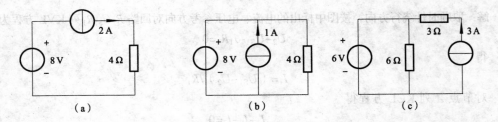

综合练习图 1-3　习题 1-3 图

1-4　试求综合练习图 1-4 所示电路中的电流 I。

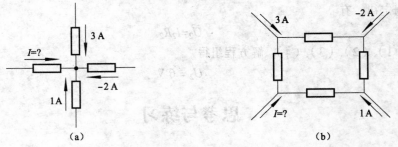

综合练习图 1-4　习题 1-4 图

1-5　综合练习图 1-5 所示电路中：（1）求电流 I；（2）求 U_{ab} 及 U_{cd}。

1-6　求综合练习图 1-6 所示电路中的电压 U。

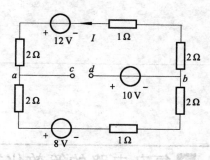

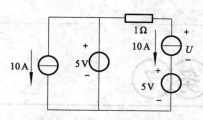

综合练习图 1-5　习题 1-5 图　　　　综合练习图 1-6　习题 1-6 图

1-7　求综合练习图 1-7 所示电路中 6 Ω 电阻上电压及各电流源的功率。

1-8　综合练习图 1-8 所示电路，已知：$I=2$ A，$U_{ab} = 18$ V，求电阻 R。

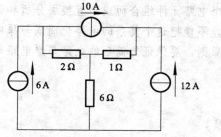

综合练习图 1-7　习题 1-7 图

9 Ω
4 Ω　　R　　3 V
a　　　　　　　　　b
24 V　　6 Ω
I
2 Ω

综合练习图 1-8　习题 1-8 图

1-9　求综合练习图 1-9 所示电路中的电流 I_2。

1-10　求综合练习图 1-10 所示电路中的电流 I_1。

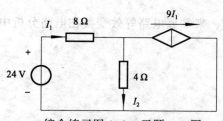

综合练习图 1-9　习题 1-9 图

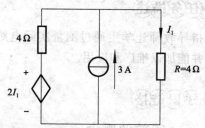

综合练习图 1-10　习题 1-10 图

1-11　计算综合练习图 1-11 所示各电路中 V_a、V_b 和 V_c。

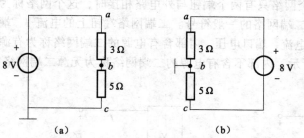

（a）　　　　　　　　（b）　　　　　　　　（c）

综合练习图 1-11　习题 1-11 图

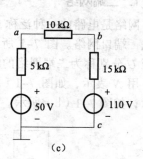

任务 6　电路中电压和电流的分配关系

任务⑦

➡️复杂电路的等效化简

　　实际电路的电源部分和负载部分经常由多个电路元件组合而成，直接去分析和计算电路中某部分的电压或电流往往会很困难。那么，能不能把这个复杂的电路化简成与原电路功能相同的简单电路呢？这就需要考虑电路化简的原则，要保证化简后的电路与原电路等效。

任务目标

- 掌握电阻的串、并联和 Y、△形等效变换。
- 掌握电源电路的等效化简及其应用。
- 掌握电源外特性的测试方法。

任务描述

　　指导教师让学生通过测量实际电路的外特性，来掌握电路等效变换在电路分析中的作用，并能加以推广和应用。

知识链接

一、等效的概念

1. 二端网络

　　网络是电路的一种泛称，一个网络只有两个端钮与外电路相接时，这个网络称为二端网络或一端口网络。图 7-1 所示为二端网络的一般符号。二端网络端钮上的电流 I、端钮间的电压 U 分别称为二端网络的端口电流、端口电压。内部含有电源的二端网络称为有源二端网络，用 N 表示，如图 7-1（a）所示，内部不含有电源的二端网络称为无源二端网络，用 N_0 表示，如图 7-1（b）所示。

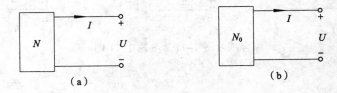

图 7-1　二端网络的符号

2. 等效的概念

如果将两个内部结构不同的二端网络 N_1、N_2 分别接到一个同样的外电路上，如图 7-2 所示，这两个二端网络的端口电压、端口电流完全相同，那么对外电路而言 N_1 和 N_2 具有相同的作用效果。因此，对外电路而言二端网络 N_1、N_2 是等效的，这两个二端网络就是等效二端网络。因为虽然这两个二端网络内部结构不同，但对外部电路而言，它们的影响完全相同。因此互为等效的两个二端网络可以进行等效变换。

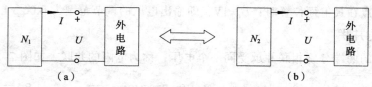

图 7-2 二端网络的等效

二、电阻电路的等效

1. 电阻的串联

几个电阻无分支地依次相联并流过同一个电流，称为电阻的串联，如图 7-3（a）所示。

根据基尔霍夫电压定律和欧姆定律有

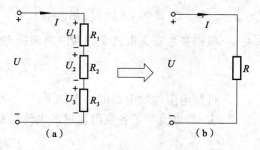

图 7-3 电阻的串联

$$U = U_1 + U_2 + U_3$$
$$= R_1 I + R_2 I + R_3 I$$
$$= (R_1 + R_2 + R_3)I$$

可知电阻串联电路的特点如下：

① 总电压等于各电阻上电压之和，即

$$U = \sum U_i \tag{7-1}$$

② 总电阻等于各串联电阻之和，即

$$R = \sum R_i \tag{7-2}$$

也就是说多个电阻的串联可以用一个电阻 R 来等效代替，如图 7-3（b）所示。

③ 各电阻上电压与对应电阻的大小成正比，串联电阻对总电压有分压作用，即

$$U_1 : U_2 : \cdots : U_n = R_1 : R_2 : \cdots : R_n \tag{7-3a}$$

如两个电阻串联，各电阻上分得的电压为

$$U_1 = \frac{R_1}{R_1 + R_2}U \qquad U_2 = \frac{R_2}{R_1 + R_2}U$$

$$\tag{7-3b}$$

当电路两端的电压一定时，串联的电阻越多，电路中的电流就越小，即电阻串联还有限流作用。

【例 7-1】收音机或录音机的音量控制常采用串联电阻分压器来调节输出电压，如图 7-4

所示，设输入电压为 $U=1\text{V}$，R_1 是电位器（可调电阻器），阻值可在 $0\sim4.7\text{k}\Omega$ 的范围内可调，$R_2=0.3\text{k}\Omega$，求输出电压 U_o 的变化范围。

解： 当滑动触点在最下面位置时，得

$$U_o = \frac{R_2}{R_1+R_2}U = \frac{0.3}{4.7+0.3}\times1\ \text{V} = 0.06\text{V}$$

当滑动触点在最上面位置时：$U_o=1\text{V}$，即输出电压的调节范围为 $0.06\sim1$ V。

2. 电阻的并联

几个电阻的两端分别相联并承受同一个电压，称为电阻的并联，如图 7-5 所示。

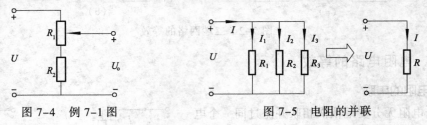

图 7-4　例 7-1 图　　　　　　图 7-5　电阻的并联

根据基尔霍夫电流定律和欧姆定律有

$$I = I_1 + I_2 + I_3 = \frac{U}{R_1} + \frac{U}{R_2} + \frac{U}{R_3} = \left(\frac{1}{R_1} + \frac{1}{R_2} + \frac{1}{R_3}\right)U$$

可知电阻并联电路的特点如下：

① 总电流等于各电阻流过的电流之和，即

$$I = I_1 + I_2 + I_3 \tag{7-4}$$

② 总电阻的倒数等于各并联电阻倒数之和，即

$$\frac{1}{R} = \frac{1}{R_1} + \frac{1}{R_2} + \frac{1}{R_3} \tag{7-5}$$

也就是说多个电阻的并联可以用一个电阻 R 来等效代替，如图 7-5 所示。

用电导可以表示为

$$G = G_1 + G_2 + G_3$$

如两个电阻并联，其等效电阻为

$$R = \frac{R_1 R_2}{R_1 + R_2} \tag{7-6}$$

③ 各电阻流过电流与对应电阻大小成反比，并联电阻对总电流有分流作用，即

$$I_1 : I_2 : I_3 = \frac{1}{R_1} : \frac{1}{R_2} : \frac{1}{R_3} \tag{7-7a}$$

如两个电阻并联，各电阻上分得的电流为

$$I_1 = \frac{R_2}{R_1 + R_2}I \qquad\qquad I_2 = \frac{R_1}{R_1 + R_2}I \tag{7-7b}$$

【例 7-2】如图 7-6 所示，有一满偏电流 I_g=100 μA，内阻 R_g=1 600 Ω 的表头，若要改装成能测量 1 mA 电流的电流表，问需并联的分流电阻为多大？

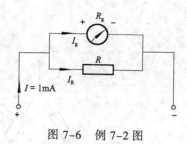

图 7-6　例 7-2 图

解：要改装成 1 mA 电流表，应使 1 mA 电流通过电路时，表头指针刚好满偏。根据 KCL，则通过分流电阻 R 的电流为

$$I_R=I-I_g=1\times10^{-3}-100\times10^{-6}=900\ \mu A$$

根据并联电路的特点有

$$I_gR_g=I_RR$$

则

$$R=\frac{I_g}{I_R}R_g=\frac{100}{900}\times1600\ \Omega=177.8\ \Omega$$

即在表头两端并联一个 177.8Ω 的分流电阻，就可将电流表的量程扩大为 1mA。

3. 电阻的混联

既有电阻串联又有电阻并联的电路称为电阻混联电路。解混联电路，必须先分清电路中各部分的串、并联关系，再根据串联、并联的特点去求解。图 7-7（a）所示为一混联电路，电阻 R_2 与的电阻 R_3 并联以后，再与电阻 R_1 串联，其等效电阻为

$$R=R_1+\frac{R_2R_3}{R_2+R_3}$$

【例 7-3】在图 7-7 所示电路中，R_1=6Ω，R_2=4Ω，R_3=12Ω，U=9V。求电路中的电流 I、I_2、I_3 和电压 U_1、U_3。

解：等效电阻

$$R=R_1+\frac{R_2R_3}{R_2+R_3}$$
$$=\left(6+\frac{4\times12}{4+12}\right)\Omega=(6+3)\ \Omega=9\ \Omega$$
$$I=\frac{U}{R}=\frac{9V}{9\Omega}=1\ A$$

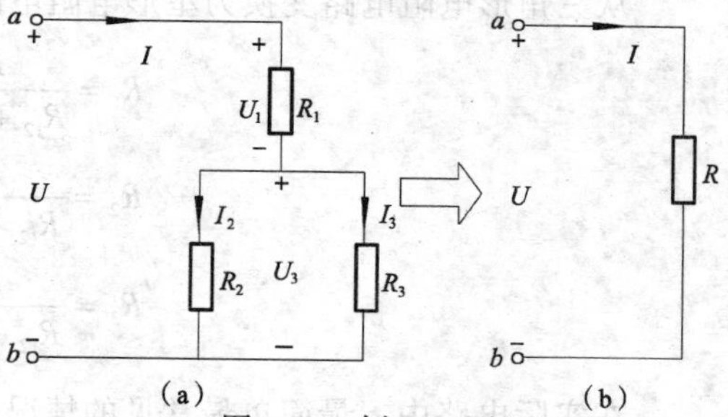

图 7-7　例 7-3 图

$$I_2=\frac{R_3}{R_2+R_3}I=\frac{12}{4+12}\times1A=0.75\ A$$
$$I_3=I-I_2=(1-0.75)\ A=0.25\ A$$
$$U_1=IR_1=1\times6\ V=6\ V \qquad U_3=I_3R_3=0.25\times12V=3\ V$$

4. 电阻星形联结与三角形联结的等效变换

前面讨论的是电阻的串联、并联及混联的电路，用串、并联化简方法可以解决很大一部分电路问题。但是，有时电路元件不全是用串联或并联的方式连接起来的，还有三角形联结和星形联结方式。如图 7-8（a）所示，电阻 R_{12}、R_{23}、R_{31} 三个电阻连接而成的电路为电阻的三角形联结，简写成△形联结。如图 7-8（b）所示，电阻 R_1、R_2、R_3 三个电阻连接而成的电路为电阻的星形联结，简写成 Y 形联结。当要求得含有电阻△形联结或 Y 形联结电路的等效电阻时，是不能直接从电阻的串联、并联化简求得的，而必须经过二者之间的等效变换后，再应用电阻的串联、并联化简求得。下面只介绍这种等效变换的换算公式，其推导过程就不再介绍了。

任务 7　复杂电路的等效化简

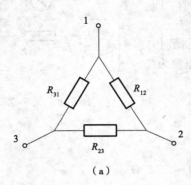

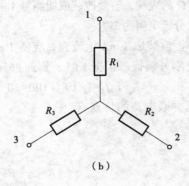

图 7-8   电阻的三角形和星形联结

从星形电阻电路变换为三角形电阻电路公式：

$$R_{12} = \frac{R_1R_2 + R_2R_3 + R_3R_1}{R_3}$$

$$R_{23} = \frac{R_1R_2 + R_2R_3 + R_3R_1}{R_1}$$

$$\left.R_{31} = \frac{R_1R_2 + R_2R_3 + R_3R_1}{R_2}\right\}$$

（7-8）

从三角形电阻电路变换为星形电阻电路公式：

$$R_1 = \frac{R_{12}R_{31}}{R_{12} + R_{23} + R_{31}}$$

$$R_2 = \frac{R_{23}R_{12}}{R_{12} + R_{23} + R_{31}}$$

$$\left.R_3 = \frac{R_{31}R_{23}}{R_{12} + R_{23} + R_{31}}\right\}$$

（7-9）

在实际电路中，最简单最常见的情况是三个相等的电阻接成星形或三角形，这时的电路称为对称星形或对称三角形，如果设

$$R_{12} = R_{23} = R_{31} = R_\triangle$$

$$R_1 = R_2 = R_3 = R_Y$$

根据式（7-8）或式（7-9）可知对称星形与对称三角形等效互换公式为

$$\left.\begin{array}{l} R_\triangle = 3R_Y \\ R_Y = \dfrac{1}{3}R_\triangle \end{array}\right\}$$

（7-10）

【例 7-4】求图 7-9（a）所示电路 ab 两端的等效电阻 R_{ab}。

解：将图 7-9（a）虚线框内的△形电阻联结用式 7-9 的公式化为 Y 形电阻联结，如图 7-9（b）的点画线框所示。

$$R_1 = R_2 = \frac{400 \times 600}{400 + 600 + 400}\Omega = 171.4\ \Omega$$

$$R_3 = \frac{400 \times 400}{400 + 600 + 400}\Omega = 114.3\ \Omega$$

从图 7-9（b）所示便可用串并联化简求等效电阻 R_{ab}

$$R_{ab}=R_1+(R_3+1000\,\Omega)/\!/(R_2+800\,\Omega)$$

$$=171.4\,\Omega+\frac{(R_2+800\,\Omega)(R_3+1000\,\Omega)}{R_2+800\,\Omega+R_3+1000\,\Omega}=690.4\,\Omega$$

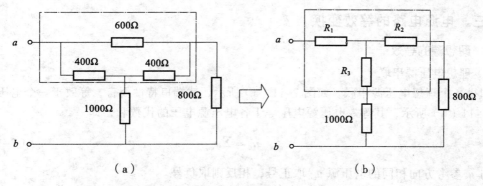

图 7-9　例 7-4 图

此题也可将图 7-9（a）中 400 Ω、400 Ω、1 000 Ω 三个电阻组成 Y 形电阻联结等效变换成△形电阻联结，也可变成用电阻串并联来化简计算的电路。读者可自己练习，验证两种方法可否相同的结果。

【例 7-5】求图 7-10（a）所示电路中电流 I。

解：将 3Ω、5Ω 和 2Ω 三个电阻构成的三角形联结电路等效为星形电路，如图 7-10（b）所示。

$$R_1=\frac{3\times5}{3+2+5}\,\Omega=1.5\,\Omega$$

$$R_2=\frac{3\times2}{3+2+5}\,\Omega=0.6\,\Omega$$

$$R_3=\frac{2\times5}{3+2+5}\,\Omega=1\,\Omega$$

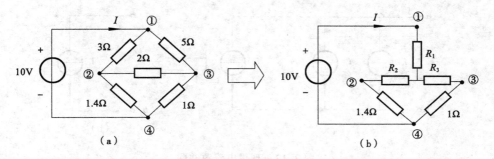

图 7-10　例 7-5 图

再用串并联等效，求出连接到电压源两端的等效电阻

$$R=1.5\,\Omega+\frac{(0.6+1.4)(1+1)}{0.6+1.4+1+1}\,\Omega=2.5\,\Omega$$

最后求得

$$I = \frac{10\,\text{V}}{R} = \frac{10\,\text{V}}{2.5\,\Omega} = 4\,\text{A}$$

三、电源电路的等效变换

1. 理想源的等效

1）理想电压源串联

如果 n 个理想电压源串联，如图 7-11（a）所示，就端口特性而言，等效于一个电压源，如图 7-11（b）所示，其等效电压源电压等于各电压源电压的代数和，即

$$u_\text{s} = \sum u_{\text{s}n} \tag{7-11}$$

其中与 u_s 参考方向相同的电压源 $u_{\text{s}n}$ 取正号，相反则取负号。

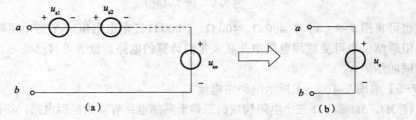

图 7-11　理想电压源串联

2）理想电流源并联

如果 n 个理想电流源并联，如图 7-12（a）所示，就端口特性而言，等效于一个理想电流源，如图 7-12（b）所示，其等效电流源电流等于各电流源电流的代数和，即

$$i_\text{s} = \sum i_{\text{s}n} \tag{7-12}$$

其中与 i_s 参考方向相同的电流源 $i_{\text{s}n}$ 取正号，相反则取负号。

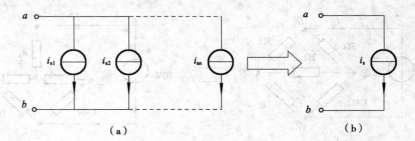

图 7-12　理想电流源并联

　　注意：电压不同的理想电压源不能并联，而电流不同的理想电流源不能串联。否则将违反 KVL、KCL 和理想电源的定义。

2. 实际电源的等效变换

1）实际电源模型

在实际电路中，一个电源在提供电能的同时，还要消耗一部分电能。因此，实际电源的

电路模型应由两部分组成：一是用来表征产生电能的理想电源元件，即理想电压源或理想电流源，另一部分是表征消耗电能的理想电阻元件。故实际电源的电路模型也有两种：即电压源模型和电流源模型。

（1）实际电压源模型

实际电压源模型是将一个实际电源用一个理想电压源 U_S 与内阻 R_S 串联组成，如图 7-13（b）所示，U 是电源端电压，I 是负载电流。

由图 7-13（b），可得该模型的伏安特性表达式

$$U = U_s - R_s I \qquad\qquad (7-13)$$

其伏安特性曲线如图 7-13（c）所示。

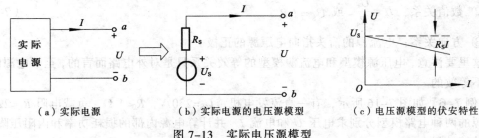

（a）实际电源　　　　（b）实际电源的电压源模型　　　　（c）电压源模型的伏安特性

图 7-13　实际电压源模型

（2）实际电流源模型

实际电源除用理想电压源 U_S 和内阻 R_S 串联的电路模型来表示外，还可以用另一种电路模型来表示。如将式（7-13）两端除以 R_S，可得

$$I = I_S - \frac{U}{R_S} \qquad\qquad (7-14)$$

根据此表达式（7-14）可画出图 7-14（b）所示的电路图。它是一个理想电流源 I_S 和内阻 R_S 并联的电路模型，称为电流源模型。式（7-14）为电流源的伏安特性表达式，曲线如图 7-14（c）所示。

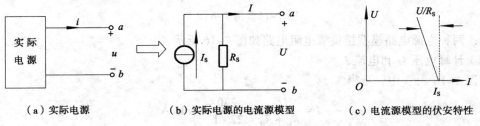

（a）实际电源　　　　（b）实际电源的电流源模型　　　　（c）电流源模型的伏安特性

图 7-14　实际电流源模型

2）实际电压源模型与实际电流源模型的等效变换

如果实际电压源模型图 7-15（a）和实际电流源模型图 7-15（b）中，R_S 相同，且 $U_S=I_S R_S$，那么两模型就具有相同的端口伏安特性，是互相等效的。即在端口电压、电流相同的情况下，电源的两种电路模型［图 7-15（a）］和［图 7-15（b）］是可以等效变换的。

等效变换包含三个方面：

① 电路结构：电压源 U_S 与电阻 R_S 的串联变换为理想电流源 I_S 与电阻 R_S 的并联或反之。

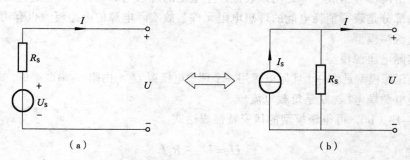

图 7-15　电压源模型与电流源模型的等效变换

② 数值关系：$I_S = \dfrac{U_S}{R_S}$ 或 $U_S = I_S R_S$。　　　　　　　　　　　　　　（7-15）

③ 方向关系：电流源的箭头指向电压源的正极。

这里要注意，电压源模型和电流源模型的等效关系只是对外电路而言的，至于电源内部，则是不等效的。

【例 7-6】如图 7-16 所示，有一直流发电机，$U_S = 230\ \text{V}$，$R_0 = 1\ \Omega$，负载电阻 $R_L = 22\ \Omega$，用电源的两种电路模型分别求电压 U 和电流 I，并计算电源内部的损耗功率和内阻压降，并比较计算结果。

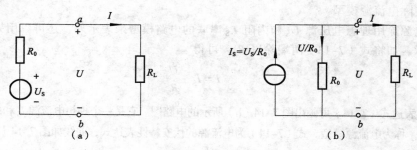

图 7-16　例 7-6 图

解：两种电源电路模型接负载电阻电路如图 7-16 所示。

（1）计算电压 U 和电流 I

在图 7-16（a）中，可得

$$I = \frac{U_S}{R_L + R_0} = \frac{230}{22 + 1}\ \text{A} = 10\ \text{A}$$

$$U = R_L I = 22 \times 10\ \text{V} = 220\ \text{V}$$

在图 7-16（b）中，可得

$$I = \frac{R_0}{R_L + R_0} I_S = \frac{1}{22 + 1} \times \frac{230}{1}\ \text{A} = 10\ \text{A}$$

$$U = R_L I = 22 \times 10\ \text{V} = 220\ \text{V}$$

（2）计算内阻压降和电源内部损耗的功率

在图 7-16（a）中，内阻压降为

$$R_0 I = 1 \times 10\ \text{V} = 10\ \text{V}$$

内阻损耗的功率为

$$\Delta P_0 = R_0 I^2 = 1 \times 10^2 \text{ W} = 100 \text{ W}$$

在图 7-16（b）中，内阻压降为 220V

内阻损耗的功率为

$$\Delta P_0 = \frac{U^2}{R_0} = \frac{220^2}{1} \text{ W} = 48\ 400 \text{W} = 48.4 \text{kW}$$

无论是内阻压降还是内阻上损耗的功率都是不同。可见，电压源和电流源对外电路而言，相互间是等效的；但对电源内部而言，是不等效的。

【例 7-7】利用电源等效的方法求图 7-17（a）电路中电流 I。已知 U_S=6 V，I_S=2 A，R_1=2 Ω，R_2=3 Ω。

解： 由图 7-17（a）等效图 7-17（b）得

$$U_{O1} = I_S R_1 = 2 \text{ A} \times 2 \text{ Ω} = 4 \text{ V}$$

由图 7-17（b）等效图 7-17（c）得

$$U_{O2} = U_S - U_{O1} = 6 \text{ V} - 4 \text{ V} = 2 \text{ V}$$

$$R = R_1 + R_2 = 2 \text{ Ω} + 3 \text{ Ω} = 5 \text{ Ω}$$

$$I = \frac{U_{O2}}{R} = \frac{2 \text{ V}}{5 \text{ Ω}} = 0.4 \text{ A}$$

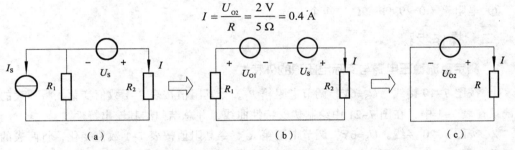

（a） （b） （c）

图 7-17 例 7-7 图

对于含有受控电压源与电阻串联或受控电流源与电阻并联的电路也可以用上述方法进行等效变换。此时应把受控电源当作独立电源处理，但应注意在变换过程中保存控制量所在支路，而不要把它消掉。

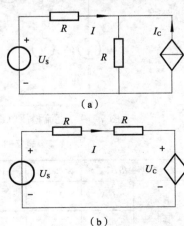

【例 7-8】在图 7-18（a）所示电路中，已知 U_S=12 V，R=2 Ω，I_C=2U_R。求 U_R。

解： 利用等效变换，把电压控制电流源和电阻并联变换成电压控制电压源和电阻的串联，如图 7-18（b）所示，则

$$U_C = R I_C = 2 \times 2 \times U_R = 4 U_R$$

按 KVL 有

$$RI + RI + U_C = U_S$$

即

$$U_R + U_R + 4 U_R = U_S$$

$$U_R = \frac{U_S}{6} = \frac{12}{6} \text{ V} = 2 \text{ V}$$

（a）

（b）

图 7-18 例 7-8 图

在进行电压源模型和电流源模型的等效变换时需注意：

① 电压源模型是理想电压源 U_S 和内阻 R_S 相串联，电流源模型是理想电流源 I_S 与内阻 R_S 相并联。它们是同一电源的两种不同电路模型。

② 变换时两种电路模型的极性必须一致，即电流源的电流流出端总是指向电压源的正极性端。

③ 理想电压源和理想电流源不能进行等效变换。

 **任务实施**

一、相关器材

① 直流稳压电源（0～30V），1 台；

② 直流恒流源（0～200mA），1 台；

③ 直流毫安表（0～200mA），1 个；

④ 万用表，1 个；

⑤ 电阻器 [51Ω，200Ω，300Ω，1kΩ，均 1W]，各 1 个；

⑥ 电阻箱（0～99999.9Ω），1 个。

二、操作步骤

1. 测定直流稳压电源与实际电压源的外特性

① 按图 7-19 接线。U_S=6V，调节电阻箱 R_L，令其阻值按表 7-1 数值变化，将两表的读数记录在表 7-1 中，在图 7-21 中绘制伏安特性曲线，并总结归纳其输出特性。

② 按图 7-20 接线。U_S=6V，调节电阻箱 R_L，令其阻值按表 7-1 数值变化，将两表的读数记录在表 7-1 中，在图 7-22 中绘制伏安特性曲线，并总结归纳其输出特性。

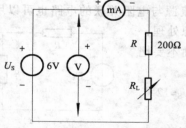

图 7-19　直流稳压电源的外特性

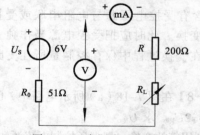

图 7-20　实际电压源的外特性

表 7-1　直流稳压电源与实际电压源的外特性

电阻箱 R_L/Ω		50	100	150	200	250	300	350	400
直流稳压电源	U/V								
	I/mA								
实际电压源	U/V								
	I/mA								

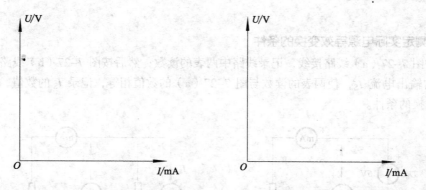

图 7-21　直流稳压电源的伏安特性曲线　　　　图 7-22　实际电压源的伏安特性曲线

2. 测定直流恒流源与实际电流源的外特性

① 按图 7-23 接线。$I_S=10$ mA，调节电阻箱 R_L，令其阻值按表 7-2 数值变化，将两表的读数记录在表 7-2 中，在图 7-25 中绘制伏安特性曲线，并总结归纳其输出特性。

② 按图 7-24 接线。$I_S=10$ mA，调节电阻箱 R_L，令其阻值按表 7-2 数值变化，将两表的读数记录在表 7-2 中，在图 7-26 中绘制伏安特性曲线，并总结归纳其输出特性。

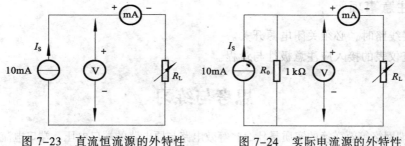

图 7-23　直流恒流源的外特性　　　　图 7-24　实际电流源的外特性

表 7-2　直流恒流源与实际电流源的外特性

电阻箱 R_L/Ω		50	100	150	200	250	300	350	400
直流	U/V								
恒流源	I/mA								
实际	U/V								
电流源	I/mA								

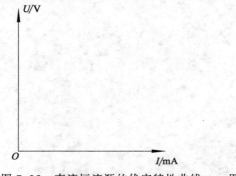
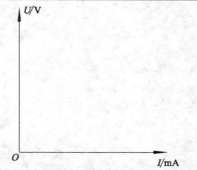

图 7-25　直流恒流源的伏安特性曲线　　　图 7-26　实际电流源的伏安特性曲线

3. 测定实际电源等效变换的条件

先按图 7-27（a）线路接线，记录线路中两表的读数；然后按图 7-27（b）线路接线，调节电流源的输出电流 I_S，使两表的读数与图 7-27（a）的数值相等，记录 I_S 的数值，验证实际电源等效变换的条件。

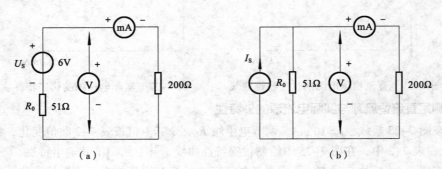

（a）　　　　　　　　　　　（b）

图 7-27　实际电源等效变换的测定

三、注意事项

① 换接线路时，必须关闭电源开关。
② 直流仪表的接入应注意极性与量程。

思考与练习

7.1　二端网络等效变换的实质是什么？等效电路与原电路的端口电压、端口电流有何关系？

7.2　两种电源等效变换的条件是什么？如何确定等效变换前后电压源、电流源的参考方向？

7.3　用一个满刻度偏转电流为 50 μA、电阻为 3 kΩ 的表头制成 2.5 V 量程的直流电压表，问应当怎样连接附加电阻？并求附加电阻值。若将其制成 500 μA 量程的直流电流表，问应当怎样连接附加电阻？并求附加电阻值。

 支路电流法和叠加定理的应用

虽然可以用电路等效化简的方法来分析和计算复杂电路，但是这种方法不是分析复杂电路的唯一方法，并且有些电路用它来分析反而麻烦。对于不同类型的电路要根据其结构特征选择最简单、合理的方法来解决问题。下面我们通过对复杂电路的测量来理解和总结相应的规律。

任务目标

- 掌握支路电流法及其应用。
- 理解叠加定理及其应用。

任务描述

指导教师让学生通过对复杂电路中电压、电流的测量，来归纳总结复杂电路的分析方法及定律，并加以推广和应用。

知识链接

一、支路电流法

支路电流法是以支路电流为未知量，利用基尔霍夫定律列写方程进行求解的方法，是分析复杂电路最基本的方法之一。

支路电流法分析问题的一般步骤如下：

① 选定各支路电流的参考方向，并在电路图中标明。

② 对有 n 个节点的电路，应用 KCL 列出 $n-1$ 个独立节点电流方程。

③ 选定网孔绕行方向，应用 KVL 列出 $b-(n-1)$ 个独立回路电压方程，b 为电路的支路数。代入数值，联立求解方程组。

【例 8-1】如图 8-1 所示，已知 $U_{S1}=36$ V，$U_{S2}=18$ V，$R_1=2$ Ω，$R_2=3$ Ω，$R_3=6$ Ω，求各支路电流。

解：（1）电路中共有三条支路，两个节点，两个网孔。图 8-1 中标出了电流的参考方向。

（2）应用 KCL 列出节点 a 的电流方程为

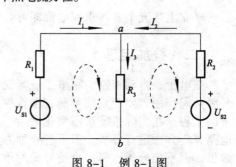

图 8-1　例 8-1 图

$$I_1 + I_2 = I_3$$

（3）图 8-1 中标出了回路的绕行方向，应用 KVL 列出独立电压方程为

$$I_1R_1 + I_3 R_3 - U_{S1} = 0$$
$$-I_2 R_2 + U_{S2} - I_3 R_3 = 0$$

（4）以上三个方程联立，代入数值得

$$I_1 + I_2 = I_3$$
$$2 I_1 + 6 I_3 - 36 = 0$$
$$-3 I_2 + 18 - 6 I_3 = 0$$

解方程组得

$$I_1 = 6 \text{ A}$$
$$I_2 = -2 \text{ A}$$
$$I_3 = 4 \text{ A}$$

I_2 为负值，说明实际方向与参考方向相反。

【例 8-2】列写图 8-2 中求解支路电流的方程组。

解：图 8-2 中有五条支路，三个节点，三个网孔。支路电流方向图 8-2 中已标明。

应用 KCL 列出 a、b 两个节点电流方程，即

$$I_1 = I_3 + I_5$$
$$I_5 + I_2 = I_4$$

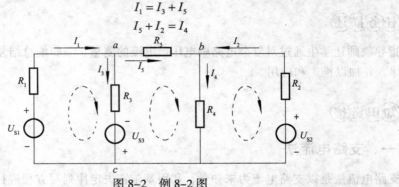

图 8-2　例 8-2 图

应用 KVL 列出三个网孔的回路电压方程，设绕行方向均为顺时针方向。

$$I_1R_1 + I_3R_3 - U_{S3} - U_{S1} = 0$$
$$I_5R_5 + I_4R_4 + U_{S3} - I_3R_3 = 0$$
$$-I_2R_2 + U_{S2} - I_4R_4 = 0$$

联立上述五个方程求解电流即可。

二、叠加定理

在电子、自动控制、军事工业等现代高科技领域，参数或状态的控制一般都需要多个信号源共同作用，要清楚信号源在参数控制中的各自作用以及共同作用的效果，是一项非常复杂的工程。在实际系统被模型化之后，对于一般的电路问题，当然可以采用前面各节介绍的电路分析方法进行分析。但不管哪种方法，都只能分析出各个信号源对控制对象共同作用的效果，而不能分析出每一个信号源的单独作用效果。本次任务介绍的叠加定理就是解决这一问题的一种方法。

1. 定理内容

对于任一线性电路的任一支路，其电压或电流都可以看成电路中各个理想电源单独作用时，在该支路所产生的电压或电流之和。

2. 注意事项

① 叠加定理只适用于线性电路。所谓线性电路是指由线性元件组成的电路。常见的线性元件有线性电阻、线性电感、线性电容等。对含有二极管、三极管、热敏电阻等非线性元件的电路就不能使用叠加定理来求解。

② 叠加定理只适用求解电路中的电压或电流这样的基本物理量，而不适用求解功率、能量这样的复合物理量。而且叠加求和时要特别注意参考方向问题。

③ 理想电源单独作用是指每次只考虑一个理想电源作用于电路，其余理想电源要置为零。理想电压源置零就是将理想电压源短路，理想电流源置零就是将理想电流源开路。

④ 受控源只能看作电路元件，而不能看做独立源。也就是说不存在"受控源单独作用"的问题。这是与前面几节有根本区别的。

应用叠加定理解题的步骤可归纳为：先分解，后叠加；先分量，后总量。下面通过具体例子来介绍叠加定理的应用。

3. 应用举例

【例 8-3】求图 8-3 电路中的电流 I 和电压 U。

解：画出各理想电源单独作用等效电路，如图 8-3（b）、（c）所示，图 8-3（b）为理想电流 I_S 单独作用下的情况，图 8-3（c）为理想电压源 U_S 单独作用下的情况。

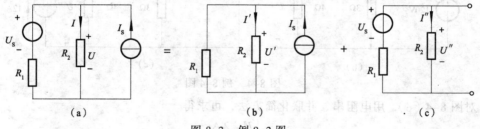

图 8-3　例 8-3 图

由图 8-3（b），根据分流公式可求得 I_S 单独作用下 R_2 支路的电流、电压分别为

$$I' = \frac{R_1}{R_1 + R_2} I_S$$

$$U' = I'R_2 = \frac{R_1 R_2}{R_1 + R_2} I_S$$

由图 8-3（c），根据欧姆定律可求得 U_S 单独作用下 R_2 支路的电流、电压分别为

$$I'' = \frac{U_S}{R_1 + R_2}$$

$$U'' = I''R_2 = \frac{R_2 U_S}{R_1 + R_2}$$

根据以上所求出的电流、电压的结果，可得到

$$I = I' + I'' = \frac{R_1}{R_1 + R_2}I_S + \frac{U_S}{R_1 + R_2}$$

$$U = U' + U'' = \frac{R_1 R_2}{R_1 + R_2}I_S + \frac{R_2 U_S}{R_1 + R_2}$$

【例 8-4】如图 8-4（a）所示电路，试用叠加定理求电流 I 电压 U。

解：电压源和电流源分别单独作用等效电路如图 8-4（b）、（c）所示。由图 8-4（b）可知

$$I' = \frac{120}{6 + \dfrac{3 \times (2+4)}{3+2+4}} \text{A} = \frac{120}{8}\text{A} = 15\text{ A}$$

$$U' = 15 \times \frac{3}{3+2+4} \times 4 \text{ V} = 20 \text{ V}$$

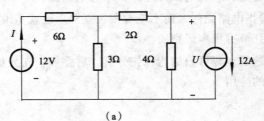

（a）

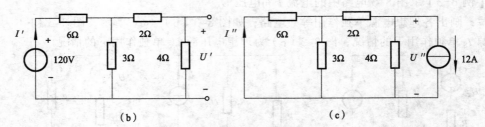

（b）　　　　　　　　　（c）

图 8-4　例 8-4 图

对图 8-4（c），用电阻串、并联化简方法，可求得

$$I'' = 2 \text{ A}$$

$$U'' = -24 \text{ V}$$

所以

$$I = I' + I'' = 17 \text{ A}$$

$$U = U' + U'' = -4 \text{ V}$$

【例 8-5】求图 8-5 所示电路中电压 U。

解：电压源和电流源分别单独作用的等效电路如图 8-5（b）、（c）所示。在图 8-5（b）中有

$$I_1' = I_2' = \frac{10}{6+4}\text{A} = 1\text{ A}$$

$$U' = -10I_1' + 4I_2' = (-10+4) \text{ V} = -6 \text{ V}$$

在图 8-5（c）中有

$$I_1'' = -\frac{4}{6+4} \times 4 = -1.6 \text{ A}$$

$$I_2'' = 4 + I_1'' = 2.4 \text{ A}$$

$$U'' = -10I_1'' + 4I_2'' = 25.6 \text{ A}$$

所以

$$U = U' + U'' = 19.6 \text{ V}$$

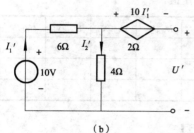

（a）

（b）   （c）

图 8-5　例 8-5 图

![任务实施]

一、相关器材

① 双输出直流稳压电源，1 台；

② 直流电压表（或万用表），1 个；

③ 直流电流表，1 个；

④ 电流插座，1 个；

⑤ 电阻器 [330Ω，510Ω，1kΩ，均 1W]，共 5 个。

二、操作步骤

通过对图 8-6 所示电路中各电源单独作用和共同作用时电流和电压的测量结果，来分析一下它们之间存在怎样的相互关系。

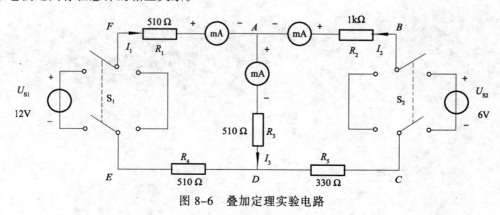

图 8-6　叠加定理实验电路

① 令 U_{S1} 单独作用（S_1 投向 U_{S1}，S_2 投向短路侧），测量各支路电流及各段电压，记录在表 8-1 中。

② 令 U_{S2} 单独作用（S_1 投向短路侧，S_2 投向 U_{S2}），测量各支路电流及各段电压，记录在表 8-1 中。

③ 令 U_{S1} 和 U_{S2} 共同作用（S_1 和 S_2 分别投向 U_{S1} 和 U_{S2}），测量各支路电流及各段电压，记录在表 8-1 中，分析 U_{S1} 和 U_{S2} 共同作用的响应是否等于 U_{S1} 单独作用的响应和 U_{S2} 单独作用的响应的叠加结果。

表 8-1 电流及电压值

	U_{S1}/V	U_{S2}/V	I_1/mA	I_2/mA	I_3/mA	U_{AB}/V	U_{CD}/V	U_{AD}/V	U_{DE}/V	U_{FA}/V
U_{S1} 单独作用										
U_{S2} 单独作用										
U_{S1}、U_{S2} 共同作用										

思考与练习

8.1　对于 n 个节点、b 条支路的网络：（1）以支路电流为变量有几个独立变量？（2）如何列出独立的 KCL 方程，共有几个？（3）如何列出独立的 KVL 方程，共有几个？

8.2　如果网络中存在电流源，应当采取什么方法列 KVL 方程，请从理想电流源和实际电流源两种情况分析。

8.3　叠加定理是分析电路的基本定理，试说明为什么只适用于线性电路？

8.4　当用叠加定理分析线性电路时，独立电源和受控电源的处理规则分别是什么？

8.5　功率计算为什么不能直接利用叠加定理？

任务 ⑨

➡ 戴维南定理和最大功率传输定理的应用

在任务 7 中研究电路的等效变换时，已经知道，对于一个任意只含有独立源、线性电阻和线性受控源的网络，都可以用一个电压源和电阻的串联组合来等效，也可以用电流源与电导的并联组合等效。

其等效方法一般有两种：一种是对不含受控源的电路，采用电阻串、并联公式和实际电压源与实际电流源的等效变换关系来处理；另一种是对含有受控源的电路，通过一系列变换之后，用一个数学表达式来表示，最后再把该数学表达式转换成电路形式。

在等效变换时，需做很多的图形变换，较为繁杂。那么等效电路中的电压源和串联电阻或电流源和并联电导不通过等效变换法是否可以确定呢？回答是肯定的。这就是戴维南定理或诺顿定理。

 **任务目标**

- 掌握线性有源二端网络等效参数的测定方法。
- 理解戴维南定理和最大功率传输定理及其应用。

任务描述

指导教师介绍有源二端网络外特性的测量方法，让学生通过对有源二端网络等效参数的测量，来归纳总结戴维南等效分析方法及定律，并加以推广和应用。

知识链接

一、戴维南定理

1. 有源二端网络等效参数的测定方法

如果某个电源电路的内部参数未知，就不能采用等效化简的方法来分析它的等效电路。但是，能不能通过实验方法测定出它等效电路的参数呢？下面来实际测定一下有源二端网络的等效参数。

（1）测量电路

在图 9-1（a）的 a、b 之间并联适当量程的电压表，测量有源二端网络的开路电压 U_{OC}，U_{OC} 就是等效电源的 U_S。

（2）测量方法

在图 9-1（b）的 a、b 之间并联适当量程的电流表（通常要串联限流电阻），测量有源二端网络的短路电流 I_{SC}，可得

$$R_0 = \frac{U_{OC}}{I_{SC}} - R \tag{9-1}$$

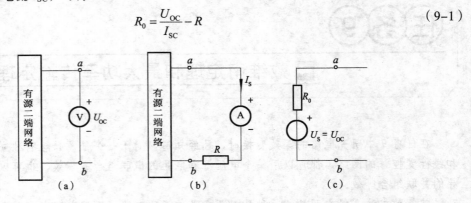

图 9-1　有源二端网络参数的测量

按照上面的测量方法可以测定出有源二端网络的等效电路参数。那么，我们也可以利用这种方法来计算出有源二端网络的等效电路参数 U_{OC} 和 R_0。这就是下面所要讲述的戴维南定理的主要内容。

2. 戴维南定理的内容

任何有源二端网络如图 9-2（a），都可以用一个实际电压源来等效代替，电压源的电压为 U_S，电阻为 R_0，如图 9-2（b）所示。其中 U_S 等于该有源二端网络端口的开路电压 U_{OC} 如图 9-2（c），而 R_0 等于该有源二端网络中所有电动势等于零（又称除源）时端口的等效电阻如图 9-2（d）。戴维南定理又称等效电压源定理，电压源电路又称戴维南等效电路。

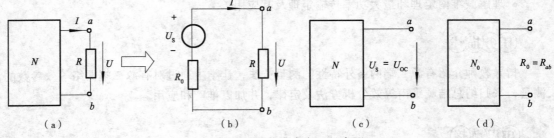

图 9-2　戴维南定理示意图

3. 戴维南等效电路的求取

应用戴维南定理求解电路问题时，最关键的问题是如何求出戴维南等效电路，也就是求开路电压 U_{OC} 和戴维南等效电阻 R_0 的问题。下面给出两种求解 U_{OC} 和 R_0 方法。

在已知含源电路模型情况下，可以通过电路分析的方法来求取，其一般过程如下：

① 先把待求支路（即外电路）从网络中移开，把剩余二端网络作为研究对象；

② 求剩余二端网络的开路电压 U_{OC}；

③ 求剩余二端网络除源后的等效电阻 R_0；

④ 把 U_{OC} 和 R_0 的串联网络（即戴维南等效电路）与待求支路相连，求解待求量。

【例 9-1】在图 9-3（a）所示的电路中，已知 $U_{S1}=100V$，$R_1=R_3=10\Omega$，$R_2=5\Omega$，$R=15\Omega$，

求通过负载电阻 R 的电流。

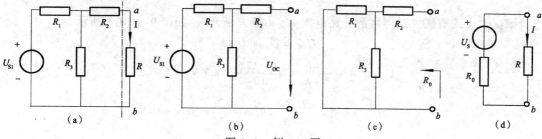

图 9-3　例 9-1 图

解： 将电路中待求支路和有源二端网络用虚线分开，如图 9-3（a）所示。

先求有源二端网络的开路电压，如图 9-3（b）所示。

$$U_{OC} = \frac{U_{S1}}{R_1 + R_3} \times R_3 = \frac{100}{10+10} \times 10\text{V} = 50\text{ V}$$

再求无源二端网络的等效内阻 R_0，如图 9-3（c）所示。

$$R_0 = \frac{R_1 R_3}{R_1 + R_3} + R_2 = \left(\frac{10 \times 10}{10+10} + 5\right)\Omega = 10\ \Omega$$

因为等效以后的电源电压 U_S 等于该有源二端网络端口的开路电压 U_{OC}，则 $U_S = U_{OC} = 50\text{V}$，画出戴维南等效电路（注意电动势 U_S 的方向与开路电压 U_{OC} 的方向一致），如图 9-3（d）所示。再求通过负载电阻 R 的电流 I 得

$$I = \frac{U_S}{R + R_0} = \frac{50}{15+10}\text{A} = 2\text{ A}$$

【例 9-2】 在图 9-4（a）所示的电桥电路中，已知 $R_1 = 10\ \Omega$，$R_2 = 2.5\ \Omega$，$R_3 = 5\ \Omega$，$R_4 = 20\ \Omega$，$U_{S1} = 12.5\text{ V}$（内阻不计），求 $R = 69\ \Omega$ 时的电流 I 的大小及方向。

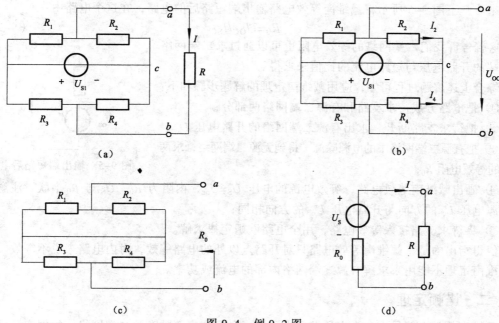

图 9-4　例 9-2 图

解：（1）求有源二端网络的开路电压 U_{OC}（即 R 断开），如图 9-4（b）所示。

$$U_{OC} = U_{ac} + U_{cb}$$

因为

$$U_{ac} = I_2 R_2 = \frac{U_{S1}}{R_1 + R_2} \times R_2 = \frac{12.5}{10 + 2.5} \times 2.5 \ \text{V} = 2.5 \ \text{V}$$

$$U_{bc} = I_4 R_4 = \frac{U_{S1}}{R_3 + R_4} \times R_4 = \frac{12.5}{5 + 20} \times 20 \ \text{V} = 10 \ \text{V}$$

$$U_{cb} = -U_{bc} = -10 \ \text{V}$$

所以

$$U_{OC} = U_{ac} + U_{cb} = （2.5 - 10）\ \text{V} = -7.5 \ \text{V}$$

（2）求无源二端网络（原电源用短路线代替）等效电阻 R_0，如图 9-4（c）所示。

$$R_0 = R_1 /\!/ R_2 + R_3 /\!/ R_4$$

$$= \frac{R_1 R_2}{R_1 + R_2} + \frac{R_3 R_4}{R_3 + R_4} = \left(\frac{10 \times 2.5}{10 + 2.5} + \frac{5 \times 20}{5 + 20} \right) \Omega = 6 \ \Omega$$

（3）画出戴维南等效电路，如图 9-4（d）所示，图中 $U_S = U_{OC} = -7.5$ V，R 中的电流 I 为

$$I = \frac{U_S}{R + R_0} = \frac{-7.5}{69 + 6} \ \text{A} = -0.1 \ \text{A}$$

负号表示电流的实际方向从 b 到 a，与图中参考方向相反。

通过上面两个例题可以看出，当电路由电阻和独立源构成时，将独立源置零后，通过应用电阻串、并联等效变换就可求得二端网络的等效电阻 R_0。如果二端网络中含有受控源，其等效电阻就无法应用这种方法求得，那怎样求得呢？

来看一下图 9-5 所示将戴维南等效电路输出端短路后的电路，在这个电路中：

$$R_0 = U_{OC}/I_{SC} \qquad\qquad (9-2)$$

这就告诉我们二端网络的等效电阻也可以通过求二端网络输出端的开路电压与短路电流的比值来求得。

综合上述解题过程可知，应用戴维南定理的解题步骤如下：

① 把电路分成待求支路和有源二端网络两部分；

② 把待求支路断开，求出有源二端网络的开路电压 U_{OC}；

③ 把有源二端网络中的电源除源，得到无源二端网络，求两端间的等效电阻 R_0；

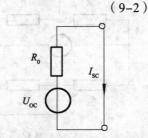

图 9-5　输出端短路后电路

④ 画出戴维南等效电路，等效电源的电压 $U_S = U_{OC}$，内阻为 R_0，U_S 与 R_0 串联。注意等效电源电压 U_S 的方向与开路电压 U_{OC} 的方向相同；

⑤ 将待求支路接入等效电路，用全电路欧姆定律求解。

值得指出的是，戴维南等效电路只对开路点以外的电路等效，对内电路来说不等效。所以戴维南定理不能用来求解有源二端网络内部的电流或功率。

二、诺顿定理

戴维南等效电路是由一个电压源和电阻的串联组合来等效有源二端网络，根据实际电压源和实际电流源的等效关系，可以把电压源和电阻的串联组合用电流源和电导的并联组合来表示，如图 9-6 所示。

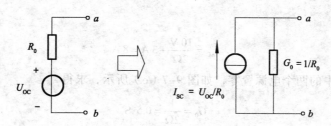

图 9-6 诺顿定理说明图

I_{SC} 称为短路电流或诺顿电流，它是通过使端口短路而得到的，其与开路电压 U_{OC} 的关系为

$$I_{SC} = \frac{U_{OC}}{R_0} \qquad (9\text{-}3)$$

G_0 为等效电导，为 R_0 的倒数，若用电阻表示则就是 R_0。这种由短路电流 I_{SC} 和电导 G_0 并联所组成的电路就称为诺顿等效电路。

由此得出诺顿定理：对一个由独立源、线性电阻、线性受控源组成的二端网络，总可以用一个电流源和一个电导相并联的二端网络来等效。其电流源的电流等于该网络的短路电流 I_{SC}，并联电导等于网络中独立源为零时端口的等效电导 G_0。下面通过例题来说明诺顿定理的应用。

【例 9-3】 用诺顿等效电路求图 9-7（a）所示电路中电流 I。

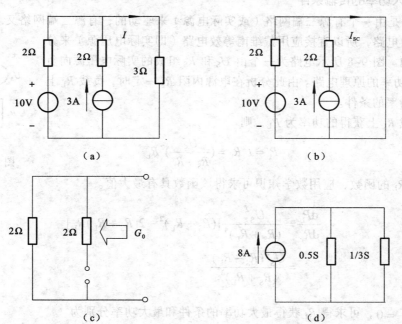

图 9-7 例 9-3 图

解：（1）先把待求支路从电路中断开，并把两端点短路，如图 9-7（b）所示。

（2）由图 9-7（b）应用叠加定理求得

$$I_{SC} = \frac{10\ V}{2\Omega} + 3\ A = 8\ A$$

（3）把电路中的两个电源置零，如图 9-7（c）所示，求得

$$G_0 = \frac{1}{2\Omega} = 0.5\ S$$

（4）把诺顿等效电路与待求电路连接，如图 9-7（d）所示，求得

$$I = \frac{\frac{1}{3}\ S}{(\frac{1}{3}+0.5)\ S} \times 8\ A = 3.2\ A$$

可见，应用诺顿定理解题时，其步骤与应用戴维南定理解题的步骤完全一致。戴维南等效电路和诺顿等效电路统称为二端网络的等效发电机。所以相应的两个定理也可统称为等效发电机定理。

三、最大功率传输定理

在电工测量和电子信息工程的电子设备的设计中，常常会遇到负载从电路获得最大功率的计算问题，这也是戴维南定理的一个重要应用。

1. 最大功率的传输条件

负载总是由一个有源二端网络（或实际电源）来驱动的，有源二端网络又总可以等效成戴维南等效电路，所以直接应用戴维南等效电路（即实际电压源）来分析这一问题。图 9-8 所示电路为一个由 U_S 和 R_S 组成的实际电压源向负载 R_L 输出功率的原理电路。由此分析在电源内阻 R_S 一定时，负载 R_L 上获得最大功率的条件。

设负载 R_L 上获得的功率为 P_L，则

$$P_L = I^2 R_L = (\frac{U_S}{R_S+R_L})^2 R_L$$

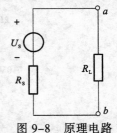

图 9-8 原理电路

P_L 是 R_L 的函数，应用数学知识可求得该函数具有最大值。

$$\frac{dP_L}{dR_L} = \frac{U_S^2}{(R_S+R_L)^4}[(R_S+R_L)^2 - 2(R_S+R_L)R_L]$$

$$= \frac{U_S^2(R_S-R_L)}{(R_S+R_L)^3}$$

令 $\frac{dP_L}{dR_L} = 0$，可求得 R_L 获得最大功率的条件和最大功率分别为

$$\left.\begin{array}{c} R_L = R_S \\ P_{Lmax} = \frac{U_S^2}{4R_L} \end{array}\right\} \qquad (9-4)$$

即：最大功率传输条件是负载电阻与等效电源（实际电源）内阻相等。最大功率传输条件又称最大功率匹配条件，简称功率匹配条件。

2. 获得最大功率时的效率

由于负载获得最大功率的条件是 $R_L=R_S$，因此等效电源内阻上消耗的电功率与负载电阻消耗的电功率相同，所以负载获得最大功率时等效电源的效率只有 50%，其余的 50%作为电源发热而消耗掉了。而对于实际电路中的电源而言，其效率还要更低。

在电子和信息工程的电子电路中，常常要从微弱的信号中获得最大功率，而不看重效率，因此在设计此类电路时要能够实现功率匹配。而电力系统则要求尽可能提高效率，以便充分利用能源，不能采用功率匹配条件。要提高电源的效率则应该减小其等效内阻，当等效内阻为零时效率可达 100%，这只是一种理想情况，在实际电路中并不存在。

【例 9-4】图 9-9（a）所示电路，当负载电阻为多大时，才能从电路中吸收最大功率？并求此最大功率。

解：本例应用戴维南定理等效为图 9-9（b）形式。

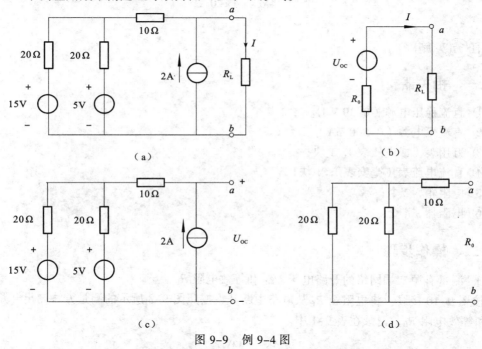

图 9-9　例 9-4 图

（1）用图 9-9（c）求 U_{OC}，由叠加定理：

15V 电源单独作用时

$$U_{OC1} = \frac{15\,\text{V}}{(20+20)\,\Omega} \times 20\,\Omega = 7.5\,\text{V}$$

5V 电源单独作用时

$$U_{OC2} = \frac{5\,\text{V}}{(20+20)\,\Omega} \times 20\,\Omega = 2.5\,\text{V}$$

2A 电源单独作用时

$$U_{OC3} = 2 \times (10 + \frac{20 \times 20}{20+20})\,\text{V} = 40\,\text{V}$$

所以
$$U_{OC} = U_{OC1} + U_{OC2} + U_{OC3} = (7.5 + 2.5 + 40)\,V = 50\,V$$

（2）用图 9-9（d）求 R_0 为

$$R_0 = (10 + \frac{20 \times 20}{20 + 20})\,\Omega = 20\,\Omega$$

所以 R_L 取得最大功率的条件为

$$R_L = R_0 = 20\,\Omega$$

最大功率为

$$R_{L\,max} = \frac{U_{OC}^2}{4R_0} = \frac{(50\,V)^2}{4 \times 20\,\Omega} = 31.25\,W$$

 任务实施

一、相关器材

① 直流稳压电源（0~30 V），1 台；

② 直流恒电源（0~500 mA），1 台；

③ 万用表（或电压表），1 块；

④ 直流电流表（毫安表），1 块；

⑤ 电阻箱，2 个；

⑥ 电阻器，4 个。

二、操作步骤

① 测量有源二端网络的开路电压 U_{OC} 和等效电阻 R_0。

按图 9-10 接线。将电阻箱 R_L 从电路中断开，按照图 9-3 所示的测量方法测出开路电压 U_{OC} 和等效电阻 R_0，记录在表 9-1 中。

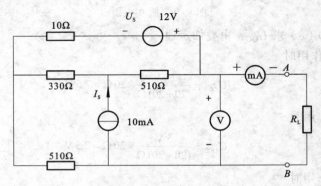

图 9-10　有源二端网络

② 测量有源二端网络的外特性。在图 9-10 所示有源二端网络的 a、b 两端，接上电阻箱作为负载电阻 R_L，分别按表 9-1 中的取值，测量相应的端电压 U 和 I，将结果记入表中。

③ 测定戴维南等效电路的外特性。按图 9-11 接线，图中 U_{OC} 和 R_0 为图 9-10 中有源二端网络的开路电压和等效电阻，U_{OC} 从直流稳压电源取得，R_0 从电阻箱（或电位器）上取得，负载电阻 R_L 由电阻箱取得，其数值按表 9-1 中的数值要求调节，测量相应的端电压 U 和电流 I，将结果记入表中。

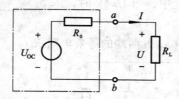

图 9-11　戴维南等效电路

表 9-1　U_{OC}=（　　　）　R_0=（　　　）

负载电阻 R_L/Ω		0	50	100	200	300	400	800	开路	R_0
有源二端网络	U（　）									
	I（　）									
	$P=I^2R_L$（　）									
戴维南等效电路	U（　）									
	I（　）									
	$P=I^2R_L$（　）									

④ 根据内容 2 和 3 的测量数据，分别在图 9-12 和图 9-13 中绘制出电路的外特性曲线，通过比较说明两条曲线和两个电路的关系，两条曲线是否完全相同，分析原因并由此得出结论。

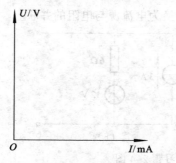

图 9-12　有源二端网络的外特性曲线

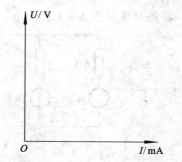

图 9-13　戴维南等效电路的外特性曲线

思考与练习

9.1　如何求解两种电源等效电路？

9.2　当外电路的参数发生变化时，等效电路的参数（开路电压、短路电流、等效电阻）是否发生变化？

9.3　测得含独立电源的二端网络的开路电压为 5V，短路电流是 50mA，若将 50Ω 的负载电阻接到二端网络上，求负载上的电流与端电压。

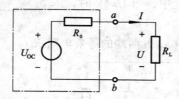任务 9　戴维南定理和最大功率传输定理的应用

综合练习题（二）

2-1　综合练习图 2-1（a）中，当 U=4V 时，R=＿＿＿＿＿；在综合练习图 2-1（b）中，当 I=1A 时，R=＿＿＿＿＿。

2-2　求综合练习图 2-2 中 a，b 两端的等效电阻 R_{ab}。

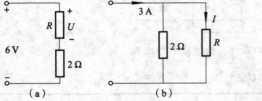

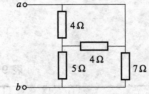

综合练习图 2-1　习题 2-1 图　　　　　综合练习图 2-2　习题 2-2 图

2-3　求综合练习图 2-3（a）、（b）、（c）电路的端口伏安特性。

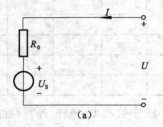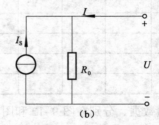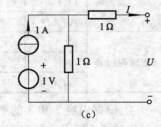

综合练习图 2-3　习题 2-3 图

2-4　将综合练习图 2-4（a）、（b）两图等效变换为电流源与电阻的并联。

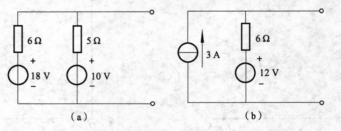

综合练习图 2-4　习题 2-4 图

2-5　将综合练习图 2-5（a）、（b）两图等效变换为电压源与电阻的串联。

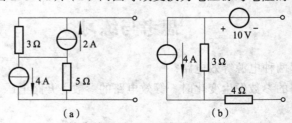

综合练习图 2-5　习题 2-5 图

2-6　用电源等效的方法求综合练习图 2-6 中的电流 I。

2-7　用电源等效的方法求综合练习图 2-7 中的电流 I。

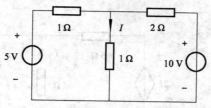

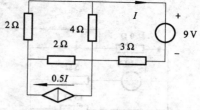

综合练习图 2-6　习题 2-6 图　　　　综合练习图 2-7　习题 2-7 图

2-8　用叠加定理求综合练习图 2-8 中各支路电流。

2-9　用叠加定理求综合练习图 2-9 中各支路电流。

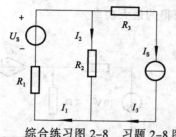

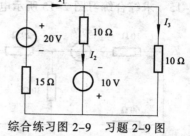

综合练习图 2-8　习题 2-8 图　　　　综合练习图 2-9　习题 2-9 图

2-10　求综合练习图 2-10 所示电路的戴维南等效电路。

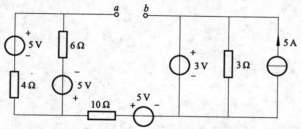

综合练习图 2-10　习题 2-10 图

2-11　求综合练习图 2-11（a）、（b）两个电路图的戴维南等效电路。

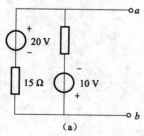

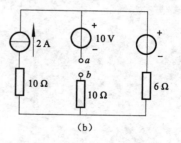

（a）　　　　　　　　　　　　　　（b）

综合练习图 2-11　习题 2-11 图

2-12　求综合练习图 2-12 电路中流过 $R=15\ \Omega$ 电阻的电流。

2-13　用戴维南等效电路求综合练习图 2-13 所示电路的 I。

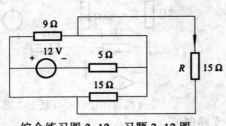

综合练习图 2-12　习题 2-12 图

综合练习图 2-13　习题 2-13 图

2-14　求综合练习图 2-14 所示电路中 R_L 可获得的最大功率。

2-15　求综合练习图 2-15 所示电路中 R_L 可获得的最大功率。

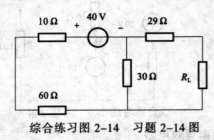

综合练习图 2-14　习题 2-14 图

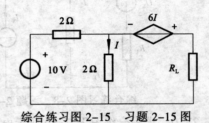

综合练习图 2-15　习题 2-15 图

任务 ⑩

➡ **正弦交流电的认识与测量**

在前面讨论的电路中，电流和电压的大小、方向均不随时间变化，这样的电流、电压称为直流电。人们在日常生活和工业生产中，还广泛使用交流电。交流电是指大小、方向随时间按一定规律周期性变化且在一个周期内平均值为零的电流和电压。在交流电中应用最多的是大小、方向随时间按正弦规律周期性变化的电流、电压，这样的电流、电压称为正弦交流电。一般我们所说的交流电指的就是正弦交流电。正弦交流电路的基本理论和基本分析方法是学习电工技术的重要基础。

分析正弦交流电路的工作特性首先要从正弦交流电的特性入手，下面通过测量和观察认识和分析正弦交流电的主要特征。

任务目标

- 学会使用低频信号发生器和毫伏表。
- 会使用示波器正确测量与分析正弦交流信号。
- 理解正弦交流电路的三要素以及交流电的有效值和平均值的概念。
- 理解复数的基本概念和正弦量的相量表示法。

任务描述

指导教师让学生通过对正弦交流电路中电压、电流的测量，来归纳总结正弦交流信号的特性和分析方法，并能对其进行简单分析和计算。

知识链接

一、正弦交流电路的基本知识

1. 正弦量的三要素

正弦交流量的一般表达式（以正弦电流为例）的解析式为

$$i(t) = I_\mathrm{m} \sin(\omega t + \varphi) \qquad (10\text{--}1)$$

式中：I_m 为正弦交流电流的振幅；ω 为角频率；φ 为初相位。

由此可知：由正弦量的振幅、角频率和初相位三个量就可以准确地表达这个正弦量，我们把振幅、角频率、初相位称为正弦量的三要素。

（1）振幅（最大值）

正弦量在任一瞬间的数值称为瞬时值，用小写字母 i 或 u 分别表示电流或电压的瞬时值，如图 10-1（a）所示。正弦量瞬时值中的最大值称为振幅，又称最大值或峰值，用大写字母加下标 m 表示，如图 10-1（b）中 I_m。

（2）角频率

角频率是描述正弦量变化快慢的物理量。正弦量在单位时间内所经历的电角度，称为角频率，用字母 ω 表示，单位为"弧度/秒"（rad/s）。正弦量交变一周的电角度是 2π 弧度（2π 弧度 $=360°$）。

正弦量交变一周所用的时间叫周期，用大写字母 T 表示，单位为"秒"(s)。正弦量在单位时间内交变的次数称为频率，用小写字母 f 来表示，单位为赫兹 (Hz)。频率与周期的关系为

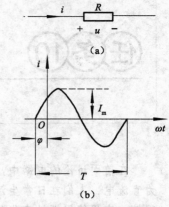

图 10-1　正弦交流电流

$$f = \frac{1}{T}$$

（10-2）

周期、频率与角频率的关系为

$$\omega = \frac{2\pi}{T} = 2\pi f$$

（10-3）

我国和世界上大多数国家电力工业的标准频率（即"工频"）为 50 Hz，少数国家的工频为 60 Hz。

（3）初相位

正弦交流量表达式中的 $(\omega t+\varphi)$ 称为相位角，简称相位，它不仅确定正弦量瞬时值的大小和方向，而且还能描述正弦量变化的趋势。

初相位是计时起点 $t=0$ 时的相位，即 φ，简称初相。它确定了正弦量在计时起点的瞬时值，我们规定它不超过 $\pm\pi$ 弧度，如图 10-2 所示。

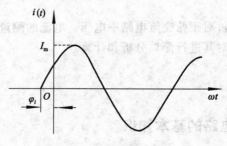

图 10-2　正弦量的初相

2. 相位差

两个同频率正弦量的相位之差，称为相位差，例如

$$u_1 = U_{1m}\sin(\omega t + \varphi_1)$$

$$u_2 = U_{2m}\sin(\omega t + \varphi_2)$$

它们之间的相位差用 φ_{12} 表示，则

$$\varphi_{12}=(\omega t+\varphi_1)-(\omega t+\varphi_2)=\varphi_1-\varphi_2 \qquad (10-4)$$

可见同频率正弦量的相位差，即为同频率正弦量的初相之差，不随时间改变，是个常量，与计时起点的选择无关。如图 10-3 所示，相位差就是相邻两个零点（或正峰值）之间所间隔的电角度。

当 u_1 比 u_2 先达到正的最大值或零值（或者是 u_2 比 u_1 后达到正的最大值或零值），则相位差 $\varphi_{12}>0$，即 $\varphi_1>\varphi_2$，称 u_1 超前 u_2（或称 u_2 滞后 u_1）。

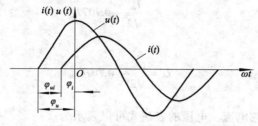

图 10-3　初相不同的正弦波形

当两个正弦量同时达到正的最大值或零值，则相位差 $\varphi_{12}=0$，即 $\varphi_1=\varphi_2$，这时正弦电压 u_1 和 u_2 的初相位相等，称 u_1 与 u_2 同相。其波形如图 10-4（a）所示。

当一个正弦量达到正的最大值时，另一个正弦量达到负的最大值，则相位差 $\varphi_{12}=\pm\pi$，称 u_1 与 u_2 反相，波形如图 10-4（b）所示。

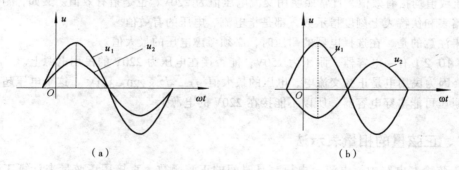

（a）　　　　　　　　　　　　　（b）

图 10-4　同相与反相的正弦波形

【例 10-1】设有两个频率相同的正弦电流，$i_1=10\cos(\omega t+45°)$ A，$i_2=8\sin(\omega t+30°)$ A，求两个电流之间的相位差，并说明它们的相位关系。

解：首先将 i_1 电流改写成正弦函数，即

$$i_1=10\cos(\omega t+45°)\,\text{A}=10\sin(\omega t+135°)\,\text{A}$$

故相位差
$$\varphi_{12}=\varphi_1-\varphi_2=135°-30°=105°$$

电流 i_1 超前 i_2 的角度为 105°。

3. 有效值

交流电的大小是变化的，如何用某个数值准确地描述交流电的大小呢？人们通过电流的热效应来确定。

正弦量的有效值定义为：将一个正弦电流 i 和某直流电流 I，分别通过两个阻值相等的

电阻，如果在相同的时间 T 内（T 为正弦信号的周期），产生的热量相等，则称该直流电流 I 为此正弦交流电流 i 的有效值。

正弦量的电压、电流有效值分别用大写字母 I、U 来表示，正弦量的有效值与其最大值的关系为

$$I = \frac{I_m}{\sqrt{2}} = 0.707 I_m \tag{10-5}$$

$$U = \frac{U_m}{\sqrt{2}} = 0.707 U_m \tag{10-6}$$

引入有效值后，正弦电流、电压的表达式可以表示为

$$i(t)=I_m \sin(\omega t + \varphi_i) = \sqrt{2}I \sin(\omega t + \varphi_i)$$
$$u(t)=U_m \sin(\omega t + \varphi_u) = \sqrt{2}U \sin(\omega t + \varphi_u)$$

有效值和最大值是从不同角度反映正弦量大小的物理量。我们通常所说的正弦信号的电流、电压值，如果不作特殊说明都是指有效值。例如，各种交流电气设备铭牌上所标出的电流、电压数值均指有效值，日常照明用交流电压值为 220V，也是指有效值。又如，测量用的交流安培表和伏特表上刻度指示数，都是指电流、电压的有效值。

值得注意的是，在选择电器的耐压时，必须考虑电压的最大值。

【例 10-2】有一电容器，耐压为 250V，能否接在电压为 220V 的民用电源上。

解：因为民用电是正弦交流电，电压的最大值 $U_m = \sqrt{2} \times 220 = 311V$，这个电压超过了电容器的耐压可能击穿电容器，所以不能接在 220V 的电源上。

二、正弦量的相量表示法

在正弦稳态电路中，电流、电压都是时间的正弦函数，直接用正弦量来计算正弦交流电路，是很麻烦的，将正弦量用相量表示，将会方便很多。在正弦交流电路中，所有的响应都是与激励同频率的正弦量，问题集中在振幅（或有效值）和初相这两个要素。而一个复数的模和幅角恰好可以分别对应正弦量的振幅（或有效值）和初相。因此，可以用一个复数来表示对应的正弦量。相量法就是用复数表示正弦量，分析计算正弦交流电路的方法，但为了区别于一般的复数，将表示正弦量的复数称为相量。为此，先介绍一些复数的有关知识。

1. 复数的运算规律

（1）复数的两种表示形式及相互关系

复数 A 可以表示为在复平面上的一个点或由原点指向该点的有向线段，即相量，如图 10-5 所示。图中 r 和 θ 分别为复数 A 的模和幅角；a 为复数 A 在横坐标上的投影，它是复数 A 的实部；b 为复数 A 在纵坐标上的投影，它是复数 A 的虚部。复数有以下三种常用的表示形式：

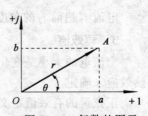
图 10-5　复数的图示

① 复数的代数形式 $\qquad$ $A = a + jb$

② 复数的极坐标形式 $\qquad$ $A = r\angle\theta$

③ 复数的指数形式 $\qquad$ $A = re^{j\theta}$

它们的相互关系为

$$\left.\begin{array}{l} r = \sqrt{a^2 + b^2} \\ \theta = \arctan\dfrac{b}{a} \end{array}\right\} \qquad (10\text{-}7)$$

和

$$\left.\begin{array}{l} a = r\cos\theta \\ b = r\sin\theta \end{array}\right\} \qquad (10\text{-}8)$$

【例 10-3】写出复数 $A = 5 + j5$ 的极坐标形式。

解：复数的模 $\qquad$ $r = \sqrt{5^2 + 5^2} \approx 7$

复数的幅角 $\qquad$ $\theta = \arctan\dfrac{5}{5} = \arctan 1 = \dfrac{\pi}{4} = 45°$

则极坐标形式为 $\qquad$ $A = 7\angle 45°$

（2）复数的四则运算

① 复数的加、减法。

设有复数 $A_1 = a_1 + jb_1$ 和 $A_2 = a_2 + jb_2$，则

$$A = A_1 \pm A_2 = (a_1 + jb_1) \pm (a_2 + jb_2) = (a_1 \pm a_2) + j(b_1 \pm b_2) \qquad (10\text{-}9)$$

即复数的加、减运算为实部与实部相加、减，虚部与虚部相加、减。

② 复数的乘、除法。

设有复数 $\qquad$ $A_1 = r_1\angle\theta_1$ 和 $A_2 = r_2\angle\theta_2$

作乘法时 $\qquad$ $A = A_1 \times A_2 = r_1 \times r_2 \angle(\theta_1 + \theta_2) \qquad (10\text{-}10)$

作除法时 $\qquad$ $A = \dfrac{A_1}{A_2} = \dfrac{r_1}{r_2}\angle(\theta_1 - \theta_2) \qquad (10\text{-}11)$

即复数的乘、除运算为模与模相乘、除，幅角与幅角相加、减。

【例 10-4】有两个复数分别为 $A_1 = 5\angle 30°$，$A_2 = 8\angle 45°$，试分别对它们作加、减、乘、除运算。

解：

$$A_1 + A_2 = 5\angle 30° + 8\angle 45° = (5\cos 30° + 5j\sin 30°) + (8\cos 45° + 8j\sin 45°)$$
$$= (4.33 + j2.5) + (5.656 + j5.656) = 9.986 + j8.156$$
$$A_1 - A_2 = 5\angle 30° - 8\angle 45° = (5\cos 30° + 5j\sin 30°) - (8\cos 45° + 8j\sin 45°)$$
$$= (4.33 + j2.5) - (5.656 + j5.656) = -1.326 - j3.156$$

任务 ⑩ 正弦交流电的认识与测量

$$A_1 \times A_2 = 5\angle 30° \times 8\angle 45° = 5 \times 8\angle(30° + 45°) = 40\angle 75°$$

$$\frac{A_1}{A_2} = \frac{5\angle 30°}{8\angle 45°} = \frac{5}{8}\angle(30° - 45°) = 0.625\angle -15°$$

2. 正弦量的相量表示法

对任一正弦量 $i = I_m\sin(\omega t + \varphi_i)$ 可以用复平面中的一个旋转矢量 $\dot{I}_m$ 来表示。其长度（模）为 I_m；和实轴正方向的夹角（幅角）为 φ_i；并以角速度 ω 沿逆时针方向旋转。这个旋转矢量称为相量。

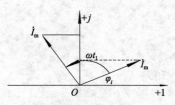

图 10-6　旋转矢量

由图 10-6 可见，当 $t=0$ 时，旋转矢量在虚轴上的投影 $i_0 = I_m\sin\varphi_i$ 即为零时刻正弦量的瞬时值；当 $t=t_1$ 时，旋转矢量在虚轴上的投影 $i_1 = I_m\sin(\omega t_1 + \varphi_i)$ 即为 t_1 时刻正弦量的瞬时值。所以相量能够表示正弦量，但相量本身并不等于正弦量，二者是一一对应的关系。相量是旋转的，由于电路中各量均为同频率的正弦量，所以作为正弦量三要素之一的角频率可不必考虑，在复平面上只表示出最大值和初相位即可。

方法：将正弦量的振幅（或有效值）作为复数的模，将正弦量的初相作为复数的幅角，这个复数我们称之为正弦量的相量。电流相量以 $\dot{I}_m$（振幅相量）或 $\dot{I}$（有效值相量）来表示。电压相量以 $\dot{U}_m$（振幅相量）或 $\dot{U}$（有效值相量）来表示。例如：

$$i = I_m\sin(\omega t + \varphi_i)$$
$$u = U_m\sin(\omega t + \varphi_u)$$

我们将这两个正弦交流电流和正弦交流电压分别用对应的相量电流和相量电压表示为

$$\left.\begin{array}{l} \dot{I}_m = I_m\angle\varphi_i \\ \dot{U}_m = U_m\angle\varphi_u \end{array}\right\} \quad 或 \quad \left.\begin{array}{l} \dot{I} = I\angle\varphi_i \\ \dot{U} = U\angle\varphi_u \end{array}\right\} \tag{10-12}$$

它们分别是正弦交流电流、电压的振幅值相量和有效值相量。本书在表示正弦交流电的相量时主要采用有效值相量的形式。

【例 10-5】试写出下列各正弦交流量的相量。

（1）$u = 220\sqrt{2}\sin(\omega t - 30°)$ V；

（2）$i = -1.414\sin(\omega t + 45°)$ A。

解：（1）$\dot{U} = 220\angle -30°$ V 或 $\dot{U}_m = 220\sqrt{2}\angle -30°$ V

（2）先将 i 改写为

$$i = 1.414\sin(\omega t + 45° - 180°)\ A = 1.414\sin(\omega t - 135°)\ A$$

故　　　　　　　　$\dot{I} = 1\angle -135°$ A　　或　　$\dot{I}_m = 1.414\angle -135°$ A

必须指出：正弦量是代数量，并非矢量或复数量。所以，相量不能等于正弦量，它们之间不能划等号，它们之间只有相互对应的关系。将正弦量的对应相量表示在复平面上，称为相量图，如图 10-7 所示。

3. 相量形式的基尔霍夫定律

（1）相量形式的基尔霍夫电流定律（KCL）

任意瞬间 KCL 的表达式为

$$\sum i = 0$$

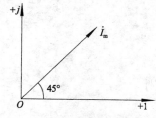

图 10-7　正弦电流的相量图

在正弦交流电路中，各电流均为同频率的正弦量，而每一个正弦量都可以用对应的相量来表示，因此上述电流瞬时值的求和式可用相量求和式来表示为

$$\left.\begin{array}{l}\sum \dot{I} = 0 \\ \sum \dot{I}_m = 0\end{array}\right\} \qquad (10\text{-}13)$$

上式就是 KCL 的相量形式。它表明：任一瞬间，流经任意节点的电流相量的代数和等于零。

（2）相量形式的基尔霍夫电压定律（KVL）

任意瞬间 KVL 的表达式为 　　　　　　$\sum u = 0$

在正弦交流电路中，各电压均为同频率的正弦量，而每一个正弦量都可以用相应的相量来表示，因此上述电压瞬时值的求和式可用相量求和式来表示为

$$\left.\begin{array}{l}\sum \dot{U} = 0 \\ \sum \dot{U}_m = 0\end{array}\right\} \qquad (10\text{-}14)$$

上式就是 KVL 的相量形式。它表明：任一瞬间，沿任意闭合回路绕行一周，各段电压相量的代数和等于零。

4. 同频率正弦量的计算

用相量表示对应的正弦量后，正弦量的运算就可以转换成对应相量的运算，即复数的运算，给正弦电路的分析、计算带来很大的方便。

【例 10-6】电路如图 10-8（a）所示，已知 i_1、i_2 分别为：$i_1 = 10\sin(\omega t + 30°)$ A，$i_2 = 10\sin(\omega t - 50°)$ A，试求电流 i，并作相量图。

解： 根据电路图可知，电流 $i = i_1 + i_2$，为两个同频率正弦量相加，正弦量的加减运算可以转换成对应相量的加减运算。

正弦电流 i_1、i_2 的相量表示分别为

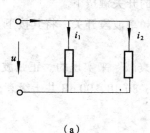

（a）　　　　　　　　　　　（b）

图 10-8　例 10-6 图

$$\dot{I}_{1m}=10\angle 30°$$
$$\dot{I}_{2m}=10\angle -50°$$

则

$$\dot{I}_m=\dot{I}_{1m}+\dot{I}_{2m}=10\angle 30°A+10\angle -50°A$$
$$=(8.6+5j)\ A+(6.4-7.6j)\ A$$
$$=(15-2.6j)\ A=15.22\angle -9.8°A$$

所以电流 $\quad i=i_1+i_2=15.22\sin(\omega t-9.8°)$ A

相量图如图 10-8（b）所示。

特别要强调：

① 相量只能表示出正弦量三要素中的两个。

② 只有同频率的正弦量其相量才能画在同一复平面上。

③ 只有同频率正弦量的相量才能相互运算。

三、常用交流信号测量仪器简介

1. 信号发生器

（1）信号发生器的功能

信号发生器是用来产生正弦波信号或脉冲信号的电子仪器，根据信号频率的不同，分成高频信号发生器和低频信号发生器。根据信号波形的不同，分成正弦波信号发生器和脉冲信号发生器。现在已有能产生多种波形的信号发生器。

（2）XD-2 型低频信号发生器

XD-2 型低频信号发生器是一种正弦波信号发生器，其主要技术指标如下：

频率范围：1 Hz～1 MHz 以十倍频关系分六个频段连续可调。

频率误差：≤1%。

输出电压幅度：≥5 V。

输出衰减：0～90 dB，以 10 dB 分挡，误差≤1 dB。

非线性失真：在 20 Hz～20 kHz 内，≤0.1%。

（3）XD-2 型低频信号发生器的操作步骤

① 预热：开机前要把各个输出旋钮逆时针旋至最小，开机预热 30 min 后再使用。

② 选择输出波形：根据要输出的波形，将相应的开关键按下。

③ 频率调节：根据所需要的频率先选择合适的频率波段开关，将其按下。再将"粗调"和"细调"旋钮仔细调节到所需的频率上。

④ 幅度调节：正弦波的幅度调节是旋动"输出衰减"来实现的。正弦波衰减分 0 dB、10 dB、20 dB、30 dB、40 dB、50 dB、60 dB、70 dB、80 dB、90 dB 共十级衰减。

2. 示波器

（1）示波器的功能

示波器是一种用来观察各种周期性变化的电压、电流波形的仪器，也可以用来测量电压、电流的幅值、相位和周期等参数，它具有输入阻抗高、频带宽、灵敏度高等优点，被广泛应用于电子测量技术中。示波器有多种型号，性能指标各不相同，应根据测量信号选择不同的型号。许多示波器采用英文来表示控制旋钮的名称，应先弄清楚英文字母的意义后再进行操作。各种示波器的工作原理和操作方法基本相同。

（2）示波器的操作步骤

使用示波器测量信号分为三个步骤：基本调节、显示校准、信号测量。

① 测量信号前的基本调节：这个步骤是要使示波器出现良好的扫描基准线。

开启电源，经过约 15 s 的预热后，调节"辉度"和"聚焦"旋钮，使扫描基线亮度适中，聚焦良好。再调节"X 位移"和"Y 位移"使基线位于屏幕的中间位置。若基线与水平刻度线有夹角，可以用螺丝刀调节"光迹旋转"电位器，使基线与水平刻度线重合。

② 测量信号前的显示校：这个步骤的目的是要使扫描线的长度代表准确的时间值，使扫描线的高度代表准确的电压值。利用示波器内的标准信号源可以完成校准工作。

将欲输入信号的通道探头（比如 Y1）接到"校准"的输出端，"电压幅度"旋钮旋到"0.5 V/格"，"扫描时间"旋钮旋到"0.5 ms/格"，幅度"微调"至"校准"位置，时间"微调"至"校准"位置，屏幕上应出现高为一格、水平为两格（此时周期为 1 ms）的方波信号。若方波所占的格数不符，就应调节垂直和水平增益旋钮，完成校准工作。

③ 信号的测量：仪器附带的探头上有衰减开关将信号以 1∶1（×1）或 10∶1（×10）进行衰减，以便对不同的信号进行测量。

衰减开关置于"×10"的位置适合测量来自高输出阻抗源和较高频的信号，由于"×10"位置将信号衰减到 1/10，因此读出的电压再乘以 10 才是被测量的实际电压值。衰减开关"×1"位置适合测量来自低输出阻抗源和低频的信号。

3. 电子毫伏表

（1）电子毫伏表的功能

电子毫伏表是一种专门用于测量正弦波交流电压有效值的电子仪器。它具有很高的输入阻抗，频率范围很宽，灵敏度也比较高。它的最大优点在于能测量从 20 Hz 到 500 MHz 的交流信号，弥补了万用表的不足，是在电信号测量中不可缺少的仪器。

DA-16 型晶体管毫伏表是目前应用比较广泛的测量低频交流电压的毫伏表，适用于频率为 20 Hz～1 MHz 正弦波信号电压的测量。

（2）DA-16 型晶体管毫伏表的主要技术指标

测量信号的频率范围：20 Hz～1 MHz。

测量信号的电压范围：100μV～300 V，分 11 挡，即 1/3/10/30/100/300 mV；1/3/10/30/300 V。

测量误差范围：20 Hz～100 kHz 时，±3%；100 Hz～1 MHz 时，±5%。

输入阻抗：输入电阻，在 1 kHz 时，约 1.5 MΩ。

输入电容，从 1 mV 到 0.3 V 挡，约 70 pF；从 1V 到 300 V 挡，约 50 pF。

（3）DA-16 型晶体管毫伏表的操作步骤

① 机械调零：通电前，先对电表指针进行机械零点校正。

② 电位调零：在仪器通电 2～3 min 后，将"测量范围"旋转开关转至被测量信号所需

的挡位上，然后把两输入端短接，调节"调零"电位器，使电表的指针指零。

③ 测量读数：按指定量程和对应刻度值读取数值，该值为被测量信号电压的有效值。

④ 测量完毕后，需将"测量范围"开关置于最大量程挡，然后再关掉电源。

 **任务实施**

一、相关器材

① 低信号发生器，1台；

② 毫伏表，1块；

③ 双踪示波器，1台；

④ 万用表，1块。

二、操作步骤

① 用毫伏表和万用表分别测量低频信号发生器在不同输出挡的输出电压，测量值记入表 10-1 中。

表 10-1　记录表

信号频率（Hz）	20	50	100	1000	5k	10k	20k
毫伏表值（　）							
万用表值（　）							

② 用示波器分别观察低频信号发生器输出为 5V、100 Hz，3V、1 000 Hz 时的正弦信号电压波形，研究正弦信号电压的特点。

思考与练习

10.1　正弦量的三要素是什么？有效值与最大值的区别是什么？相位与初相位有什么区别？

10.2　在某电路中 $u(t)=141\cos(314t-20°)$ V。试完成：

（1）指出它的频率、周期、角频率、幅值、有效值及初相角各是多少？

（2）画出波形图。

（3）如果 $u(t)$ 的正方向选相反方向，写出 $u(t)$ 的表达式，画出波形图，并确定（1）中各项是否改变？

10.3　已知复数 $A_1=-6-j8$ 和 $A_2=3+j4$，试求 A_1+A_2，A_1-A_2，A_1A_2，A_1/A_2。

10.4　已知 $\dot{I}_1=3+j4$，$\dot{I}_2=3-j4$，$\dot{I}_3=-3+j4$ 和 $\dot{I}_4=-3-j4$，试把它们转化为极坐标形式，并写出对应的正弦量。

10.5　指出下列各式的错误：

（1）$u(t)=141\sin(3140t-20°)=141e^{-j20°}$ V；

（2）$I=100e^{j60}=100\sin(\omega t+60°)$ A；

（3）$i=25\angle-30°$ A；

（4）$I=50e^{j60°}$A。

10.6 当 $i=i_1+i_2$ 时，一定有 $I=I_1+I_2$ 吗？$\dot{I}=\dot{I}_1+\dot{I}_2$ 成立吗？

10.7 已知 $f=50$ Hz，求下列各相量所代表的正弦电压或正弦电流。

（1）$10\angle30°$ V；

（2）$0.707\angle-30°$ V；

（3）$8.66\angle30°$ A。

任务⑪

➡ 测试正弦信号激励下 R、L、C 的特性

正弦交流电路的工作特性是由电路组成元件的特性决定的，因此我们要掌握电路元件在正弦信号激励下的特性。下面我们通过实际测量来观察它们的工作特性。

任务目标

- 理解电阻元件、电感元件及电容元件上电压与电流的相量关系。
- 理解电感与电容的相关特性，理解感抗和容抗。
- 测定电感元件和电容元件频率特性。

任务描述

指导教师让学生通过对 R、L、C 元件中电压、电流的测量，来归纳总结它们的工作特性，并能对其进行简单分析和计算。

知识链接

在正弦电路中，基本元件是电阻、电感和电容。这三种元件在正弦稳态情况下，其电压、电流的相量关系是分析正弦电路的基础。

一、电阻元件

1. 电压和电流的瞬时关系

设电阻 R 两端的电压和电流采用关联参考方向，通过电阻的正弦电流为

$$i_R = I_{Rm} \sin(\omega t + \theta_i)$$

对电阻元件，在任何瞬间，电流和电压之间服从欧姆定律，即在图示的关联参考方向下，电阻 R 两端的电压为

$$u_R = Ri_R = RI_{Rm} \sin(\omega t + \theta_i) = U_{Rm} \sin(\omega t + \theta_u) \tag{11-1}$$

式中
$$\left. \begin{array}{l} U_{Rm} = RI_m \\ \theta_u = \theta_i \end{array} \right\} \tag{11-2}$$

上式中电压电流幅值分别除以 $\sqrt{2}$，也可以用有效值来表示上面的关系。

$$\left.\begin{array}{c} U_R = RI_{\mathrm{m}} \\ \theta_u = \theta_i \end{array}\right\}$$

（11-3）

比较 u_R 和 i_R 的解析式可见，u_R 和 i_R 为同一频率的正弦量而且同相，其频率由电源频率决定。

2. 电压和电流的相量关系

由于 u_R 和 i_R 为同频率正弦量，因此都可以用对应的相量来表示。

电流相量表示为

$$\dot{I}_R = I_R \angle \theta_i$$

电压相量表示为

$$\dot{U}_R = U_R \angle \theta_u = RI_R \angle \theta_i$$

则电阻元件上电压与电流的相量关系为

$$\dot{U}_R = R\dot{I}_R$$

（11-4）

上式不仅表示了电阻上电压电流大小关系，同时又表示了电压与电流同相的相位关系，我们把上式称为相量形式的欧姆定律。

由上述的讨论可知，在正弦稳态电路中，电阻上的电压与流过电阻的电流瞬时值、最大值、有效值以及相量关系均服从欧姆定律，且电压与电流同相位。

图11-1（a）是电阻元件的相量模型，电阻元件上电压、电流的波形和相量图如图11-1（b）、（c）所示。

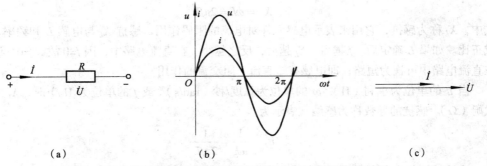

|（a）|（b）|（c）|

图 11-1　电阻元件的相量模型、电流与电压波形图和相量图

【例11-1】某电阻 $R=10\Omega$，通过它的电流为 $i_R=14.1\sin(\omega t+30°)$ A，求：（1）R 两端的电压 u_R，（2）作 $\dot{U}_R$、$\dot{I}_R$ 的相量图。

解：（1）$i_R = 14.1\sin(\omega t + 30°)$ A，其相量 $\dot{I}_R = 10\angle 30°$A

$$\dot{U}_R = R\dot{I}_R = 10 \times 10\angle 30° = 100\angle 30° \text{ V}$$
$$U_R = 100\text{V}$$
$$u_R = 100\sqrt{2}\sin(\omega t + 30°) \text{ V}$$

（2）相量图如图11-2所示。

二、电感元件

在生产和生活中见到的电动机、变压器、电风扇、洗衣机、荧光灯电路中的镇流器等，都采用了电感线圈。电感元件是实际线圈的理

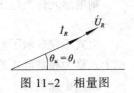

图 11-2　相量图

想化模型，是一种理想元件。

1. 电压和电流的瞬时关系

设通过电感的正弦电流为 $i_L = I_{Lm}\sin(\omega t + \theta_i)$，其电压和电流采用关联参考方向，根据电感元件的电压电流关系有：

$$u_L = L\cdot\frac{\mathrm{d}i_L}{\mathrm{d}t} = \omega L I_{Lm}(\cos\omega t + \theta_i) = \omega L I_{Lm}\sin(\omega t + \theta_i + \frac{\pi}{2})$$

即

$$u_L = \omega L I_{Lm}\sin(\omega t + \theta_i + \frac{\pi}{2})$$

$$= U_{Lm}\sin(\omega t + \theta_u)$$

$$\left.\begin{array}{l} U_{Lm} = \omega L I_{Lm} = X_L I_{Lm} \\ \theta_u = \theta_i + \dfrac{\pi}{2} \end{array}\right\}$$

将上式中电压电流幅值分别除以 $\sqrt{2}$，也可以用有效值表示上面的关系：

$$\left.\begin{array}{l} U_L = \omega L I_L = X_L I_L \\ \theta_u = \theta_i + \dfrac{\pi}{2} \end{array}\right\} \tag{11-5}$$

$$X_L = \omega L = 2\pi f L \tag{11-6}$$

式中，X_L 称为感抗，它用来表示电感元件对电流的阻碍作用。感抗 X_L 与电感 L 和频率 f 的乘积成正比。如果 L 确定后，f 越高，X_L 越大，反之越小。在直流电路中，因 f=0 故 X_L=0，说明电感在直流电路中可视为短路；即电感有短直流、阻交流的作用。

当 L 的单位为亨利（H），ω 的单位为弧度/秒（rad/s）（或 f 的单位为 Hz）时，X_L 的单位为欧姆（Ω）。感抗的导数称为感纳，表示为

$$B_L = \frac{1}{\omega L} = \frac{1}{2\pi f L} \tag{11-7}$$

感纳的单位为西门子（S）。

2. 电压和电流的相量关系

由于 u_L 和 i_L 为同一频率的正弦量，因此都可以用相应的相量来表示。

电流相量为

$$\dot{I}_L = I_L\angle\theta_i$$

电压相量为

$$\dot{U}_L = U_L\angle\theta_u = X_L I_L\angle(\theta_i + \frac{\pi}{2})$$

则电感元件上电压与电流相量关系为

$$\dot{U}_L = \mathrm{j}X_L\dot{I}_L \tag{11-8}$$

上式不仅表示了电感元件上电压与电流的大小关系，同时也表示了它们的相位关系。我们也把上式称为相量形式的欧姆定律。

其大小关系为

$$U_L = \omega L I_L = X_L I_L$$

相位关系为：电压 u_L 超前电流 i_L 90°。

电感元件的相量模型如图 11-3（a）所示。电感元件上的电压、电流的波形和相量图如图 11-3（b）、（c）所示。

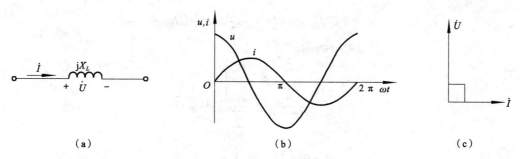

图 11-3　电感元件的相量模型、电压与电流的波形图和相量图

【例 11-2】L=40mH 的电感元件，接在 $\dot{U}=220\angle 0°$ V 的正弦电源上，在关联方向下，通过电感的电流为 $\dot{I}_L=10^{-3}\angle -90°$ A，求感抗及电源频率。

解：

$$jX_L=\frac{\dot{U}_L}{\dot{I}_L}=\frac{220\angle 0°}{10^{-3}\angle -90°}\Omega=j220\times 10^3\ \Omega$$

即感抗 $\qquad\qquad\qquad\qquad\qquad X_L=220\ \text{k}\Omega$

电源频率 $\qquad\qquad f=\frac{X_L}{2\pi L}=\frac{220\times 10^3}{2\times 3.14\times 40\times 10^{-3}}\ \text{Hz}=876\ \text{kHz}$

三、电容元件

1. 电压与电流的瞬时关系

一个电容元件 C，如图 11-4（a）所示，其电压和电流采用关联参考方向。

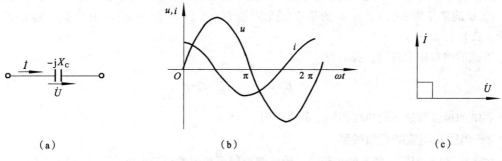

图 11-4　电容元件的相量模型、电压与电流波形图和相量图

设电容两端的正弦电压为

$$u_C=U_{Cm}\sin(\omega t+\theta_u)$$

由电容元件的电压电流关系可知

$$i_C = C\frac{du_c}{dt} = \omega C U_{Cm}\cos(\omega t + \theta_u)$$

$$= \omega C U_{Cm}\sin(\omega t + \theta_u + \frac{\pi}{2}) = I_{Cm}\sin(\omega t + \theta_u + \frac{\pi}{2}) \quad (11\text{-}9)$$

$$= I_{Cm}\sin(\omega t + \theta_i)$$

式中

$$\left.\begin{array}{l} I_{Cm} = \omega C U_{Cm} = \dfrac{U_{Cm}}{\dfrac{1}{\omega C}} = \dfrac{U_{Cm}}{X_C} \\[4mm] \theta_i = \theta_u + \dfrac{\pi}{2} \end{array}\right\}$$

上式中电压电流幅值分别除以 $\sqrt{2}$，得

$$\left.\begin{array}{l} I_C = \omega C U_C = \dfrac{U_C}{\dfrac{1}{\omega C}} = \dfrac{U_C}{X_C} \\[4mm] \theta_i = \theta_u + \dfrac{\pi}{2} \end{array}\right\} \quad (11\text{-}10)$$

$$X_C = \frac{1}{\omega C} = \frac{1}{2\pi f C} \quad (11\text{-}11)$$

比较 u_C 和 i_C 的解析式可见：电流随电压以同频率的正弦规律变化，在相位上电流总是超前电压 90°。

式中，X_C 称为容抗，它用来表示电容元件对电流的阻碍作用。容抗 X_C 与电容 C 和频率 f 的乘积成反比。当电容 C 一定时，频率越高，容抗越小，反之越大。在直流电路中，因 $f=0$，则容抗为无穷大，说明电容在直流电路中可视为开路，即电容有隔直、通交的作用；又因它对高频电流阻碍作用小，对低频电流的阻碍作用大。因此，常用电容量较大的电容作为高频旁路电容。

当 C 的单位为法拉（F），ω 的单位为弧度/秒（rad/s）（或 f 的单位为 Hz）时，X_C 的单位为欧姆（Ω）。

容抗的倒数称为容纳，表示为

$$B_C = \frac{1}{X_C} = \omega C = 2\pi f C \quad (11\text{-}12)$$

容纳的单位与感纳的单位相同，都为西门子（S）。

2. 电压和电流的相量关系

由于 u_C 和 i_C 为同一频率的正弦量，因此都可以用相应的相量来表示。

电流相量为

$$\dot{I}_C = I_C\angle\theta_i$$

电压相量为

$$\dot{U}_C = U_C\angle\theta_u = X_C I_C\angle(\theta_i - \frac{\pi}{2})$$

电压相量与电流相量关系为

$$\dot{U}_C = -\mathrm{j}X_C\dot{I}_C \qquad\qquad (11-13)$$

上式不仅表示了电容元件上电压与电流的大小关系，同时也表示了它们的相位关系。此式也称为相量形式的欧姆定律。其中，大小关系为

$$U_C = \frac{1}{\omega C}I_C = X_C I_C$$

相位关系为电压 u_C 滞后电流 i_C 90°。

电容元件的相量模型如图 11-4（a）所示。电容元件上电压、电流的波形和相量图如图 11-4（b）、（c）所示。

【例 11-3】有一电容 $C=5\,\mu F$，接在 $U=220\,V$，$f=50\,Hz$ 的交流电源上，求：容抗、电路的电流。

解：容抗为

$$X_C = \frac{1}{\omega C} = \frac{1}{2\pi f C} = \frac{1}{2\times3.14\times50\times5\times10^{-6}}\,\Omega = 636.94\,\Omega$$

电容中流过的电流为

$$I_C = \frac{U_C}{X_C} = \frac{220}{636.94}\,A = 0.3454\,A$$

 **任务实施**

一、相关器材

① 低频信号发生器，1 台；

② 毫伏表，1 块；

③ 电阻箱，1 个；

④ 电感箱（10 mH），1 个；

⑤ 电容箱（0.1μF），1 个；

⑥ 万用表，1 块。

二、相关知识

① 在正弦交流电路中，电感的感抗 $X_L = \omega L = 2\pi f L = U_L/I_L$(忽略内阻)，电容的容抗 $X_C = \frac{1}{\omega C} = 1/2\pi f C = U_C/I_C$。当电源频率变化时，感抗 X_L 和容抗 X_C 都是频率 f 的函数，称为频率特性。

② 当电源频率较高时，用交流电流表测量电流会产生很大的误差，为此可以用毫伏表间接测量得出电流值。在图 11-5 中串入的电阻 $R=1\,\Omega$，则用毫伏表测量 R 的电压即为电流值（忽略 $1\,\Omega$ 对电路的影响）。

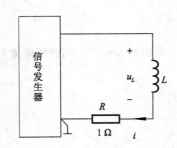 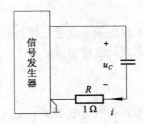

图 11-5   测量电感和电容元件频率特性的电路

三、操作步骤

1. 电感元件频率特性的测定

① 将低频信号发生器、毫伏表接通电源，适当预热。用万用表测量出电感线圈的内阻。

② 按图 11-5（a）接线。调节并保持信号发生器输出电压为 2.0 V，按表 11-1 所示数据改变输出电压的频率，分别测量 U_L、I_L 的值记入表 11-1 中。

2. 电容元件频率特性的测定

按图 11-5（b）接线。调节并保持信号发生器输出电压为 2.0 V，按表 11-2 所示数据改变输出电压的频率，分别测量 U_C、I_C 的值记入表 11-2 中。

表 11-1   电感线圈电阻 $r=$_____

f(kHz)	2	4	6	8	10	12	14	16	18
U_L（ ）									
I_L（ ）									
X_L（ ）									
L（ ）									

表 11-2   测量数值表

f(kHz)	2	4	6	8	10	12	14	16	18
U_C（ ）									
I_C（ ）									
X_C（ ）									
C（ ）									

3. 利用实训数据在同一坐标中绘出 L 和 C 的频率特性曲线。分析感抗和容抗与频率有何关系？

4. 定性分析电感线圈的电阻不可省略时对其频率特性的影响。

思考与练习

11.1   电流相量 $\dot{I}=(3+j4)\,\mathrm{mA}$ 流过 40 Ω 电阻，求（1）电阻两端的电压相量；（2）在 $t=1\mathrm{ms}$ 时电阻两端电压是多少？已知 $\omega=1\,000\,\mathrm{rad/s}$，并设电压、电流参考方向一致。

11.2 电容两端电压为 $u(t)=141\sin(3140t+15°)$ V，若 $C=0.01\ \mu F$，求电容电流 $i(t)$。

11.3 电感两端电压为 $u(t)=141\sin(3140t-60°)$ V，若 $L=0.05$ H，求电感电流 $i(t)$。

11.4 指出下列各式哪些是正确的，哪些是错误的？

$$\frac{u_L}{i_L}=X_L \qquad \frac{\dot{U}_L}{\dot{I}_L}=X_L \qquad \frac{U_L}{I_L}=j\omega L \qquad \frac{\dot{U}_L}{\dot{I}_L}=j\omega L$$

➡️ 测试正弦信号激励下 RL、RC 串联电路的特性

在任务 11 中进行了单个电路元件在正弦信号作用下工作特性的测定,那么多个不同性质的电路元件同时工作时的特性又如何呢? 下面我们来实际测量和观察一下它们的工作特性,理解其中的分析规律。

- 理解电阻元件、电感元件及电容元件上电压与电流的相量关系。
- 理解电感与电容的相关特性,理解感抗和容抗。
- 学会使用示波器观察相位差。

任务描述

指导教师让学生通过对 RL、RC 串联电路中电压、电流的观测,来归纳总结它们的工作特性,并能对其进行简单分析和计算。

知识链接

正弦量用相量表示后,正弦交流电路就可以用相量来进行分析和运算。它是目前对交流电路进行分析运算所普遍使用的有效方法。

一、阻抗分析法

1. 复阻抗

如图 12-1 所示,图中标出了电流和各电压的参考方向,电路中的各元件通过同一电流,根据基尔霍夫电压定律,各元件两端电压之间的相量关系为

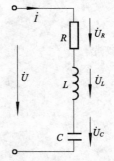

$$\dot{U} = \dot{U}_R + \dot{U}_L + \dot{U}_C = R\dot{I} + jX_L\dot{I} - jX_C\dot{I}$$
$$= [R + j(X_L - X_C)]\dot{I} = (R + jX)\dot{I}$$

设 $\quad Z = R + jX$

即 $\quad\quad \dot{U} = Z\dot{I} \quad\quad\quad\quad (12-1)$

式(12-1)为 RLC 串联电路伏安特性的相量形式,又称为相量形式的欧姆定律。

图 12-1　RLC 串联电路

式中, $Z = R + jX = R + j(X_L - X_C)$ 称为电路的复阻抗,单位为欧姆。复数的实部 R 为电阻,

复数的虚部 $X = X_L - X_C$ 为电抗，单位也都是欧姆。

复阻抗的极坐标式：
$$Z = R + \mathrm{j}X = |Z| \angle \varphi \qquad (12\text{-}2)$$

所以
$$\begin{cases} |Z| = \sqrt{R^2 + X^2} = \sqrt{R^2 + (X_L - X_C)^2} \\ \varphi = \arctan\dfrac{X}{R} = \arctan\dfrac{X_L - X_C}{R} \end{cases}$$

$|Z|$ 称为复阻抗的模（阻抗），幅角 φ 称为阻抗角。$|Z|$、R、X 之间构成的直角三角形，称为阻抗三角形，如图 12-2 所示。

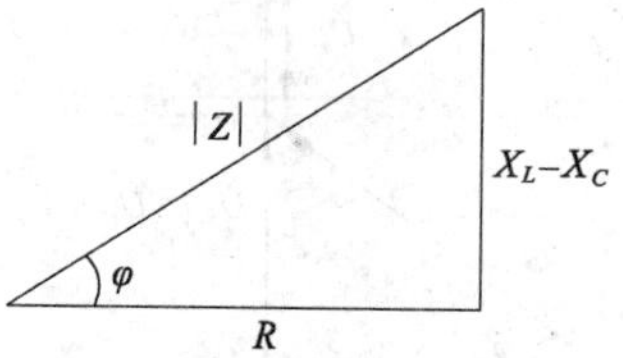

由式（12-1）得
$$Z = \frac{\dot{U}}{\dot{I}} = \frac{U\angle\varphi_u}{I\angle\varphi_i} = \frac{U}{I}\angle(\varphi_u - \varphi_i) = |Z|\angle\varphi$$

图 12-2　阻抗三角形

可见
$$\begin{cases} |Z| = \dfrac{U}{I} \\ \varphi = \varphi_u - \varphi_i \end{cases} \qquad (12\text{-}3)$$

由式（12-3）可以看出：复阻抗反映了电压与电流之间的关系。

其中复阻抗的模（阻抗）反映了电压与电流之间的大小关系；阻抗角反映了电压与电流之间的相位关系。阻抗角的大小决定着电路的性质。

二、电路的性质

式（12-2）中，电抗为
$$X = X_L - X_C = \omega L - \frac{1}{\omega C}$$

它与频率有关。在不同的频率下，根据 X_L 与 X_C 的大小不同，电路有不同的性质。

1. **感性电路：** $X_L > X_C$，$\varphi > 0$

电路中电压超前于电流，这时电路呈感性，原电路可以用电阻与电感的串联来等效，Z、X_L、X_C 的关系如图 12-3（a），电路中各电压电流之间的相量关系如图 12-4（a）所示。

2. **容性电路：** $X_L < X_C$，$\varphi < 0$

电路中电压滞后于电流，这时阻抗呈容性，原电路可以用电阻与电容的串联来等效，Z、X_L、X_C 的关系如图 12-3（b），电路中各电压电流之间的相量关系如图 12-4（b）所示。

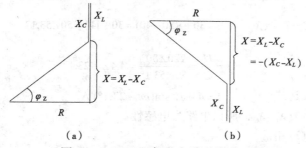

（a）　　　　　　　　　　（b）

图 12-3　RLC 串联电路的阻抗三角形

3. 电阻性电路：$X_L = X_C$，$\varphi = 0$

电路中电压与电流同相，阻抗呈电阻性，这时的阻抗等于电阻 R，$\dot{U}_L$ 与 $\dot{U}_C$ 大小相同，方向相反，电路中各电压电流之间的相量关系如图 12-4（c）所示。这是电路中的一种特殊情况，称为"串联谐振"。

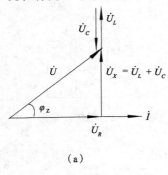
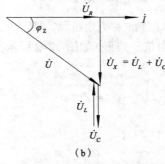
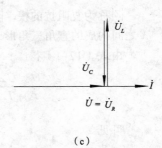

(a)   (b)   (c)

图 12-4   *RLC* 串联电路的相量图

【例 12-1】已知 RLC 串联电路 $R = 30\,\Omega$，$X_L = 80\,\Omega$，$X_C = 40\,\Omega$，$u = 220\sqrt{2}\sin(\omega t + 30°)$ V，求（1）电流 i，并判断电路的性质。（2）求各元件上的电压瞬时值表达式。

解：（1）方法一：电路的阻抗

$$|Z| = \sqrt{R^2 + (X_L - X_C)^2} = \sqrt{30^2 + (80-40)^2} = 50 \quad \Omega$$

电流的有效值 $I = \dfrac{U}{|Z|} = \dfrac{220}{50}$ A = 4.4 A

电压与电流的相位差

$$\varphi = \arctan\frac{X_L - X_C}{R} = \arctan\frac{80-40}{30} = 53.1°$$

由于 $\varphi = \varphi_u - \varphi_i = 53.1°$，则电流的初相为

$$\varphi_i = 30° - 53.1° = -23.1°$$

所以 $\qquad\qquad\qquad\qquad\qquad i = 4.4\sqrt{2}\sin(\omega t - 23.1°)$ A

方法二：用相量 $\dot{U}$、$\dot{I}$ 的关系求解

电压相量 $\qquad\qquad\qquad\qquad\qquad \dot{U} = 220\angle 30°$ V

复数阻抗 $\qquad Z = R + \mathrm{j}(X_L - X_C) = 30 + \mathrm{j}(80-40) = 30 + \mathrm{j}40 = 50\angle 53.1°$

电流相量 $\qquad\qquad\qquad\qquad \dot{I} = \dfrac{\dot{U}}{\dot{Z}} = \dfrac{220\angle 30°}{50\angle 53.1°} = 4.4\angle -23.1°$

电流的瞬时值表达式 $\qquad\qquad i = 4.4\sqrt{2}\sin(\omega t - 23.1°)$ A

因为 $\varphi = 53.1° > 0$ 或 $X_L > X_C$，所以电路为电感性。

（2）由上式得电流相量

$$\dot{I} = 4.4\angle -23.1°$$

电阻上电压相量为

$$\dot{U}_R = R\dot{I} = 30 \times 4.4\angle -23.1° = 132\angle -23.1°\ \text{V}$$

电感上电压相量为

$$\dot{U}_L = \mathrm{j}X_L\dot{I} = \mathrm{j}80 \times 4.4\angle -23.1° = 352\angle 66.9° \text{ V}$$

电容上电压相量为

$$\dot{U}_C = -\mathrm{j}X_C\dot{I} = -\mathrm{j}40 \times 4.4\angle -23.1° = 176\angle -113.1° \text{ V}$$

所以

$$u_R = 132\sqrt{2}\sin(\omega t - 23.1°) \text{ V}$$

$$u_L = 352\sqrt{2}\sin(\omega t + 66.9°) \text{ V}$$

$$u_C = 176\sqrt{2}\sin(\omega t - 113.1°) \text{ V}$$

三、复阻抗的串联和并联

1. 复阻抗的串联

如图 12-5 所示，为两个已知的复阻抗 Z_1、Z_2 组成的串联电路。因为：

$$\dot{U} = \dot{U}_1 + \dot{U}_2 = Z_1\dot{I} + Z_2\dot{I} = (Z_1 + Z_2)\dot{I} = Z\dot{I}$$

即

$$Z = Z_1 + Z_2$$

由此可以推论：n 个复阻抗串联的等效复阻抗等于这几个复阻抗的和，即

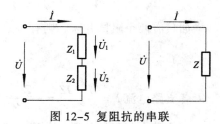

图 12-5 复阻抗的串联

$$Z = Z_1 + Z_2 + \cdots + Z_n \qquad (12\text{-}4)$$

如已知两个复阻抗 Z_1、Z_2 和总电压 $\dot{U}$，则各部分分压为

$$\dot{U}_1 = \dot{I}Z_1 = \frac{Z_1}{Z_1 + Z_2}\dot{U} \qquad \dot{U}_2 = \dot{I}Z_2 = \frac{Z_2}{Z_1 + Z_2}\dot{U}$$

即为两个阻抗串联的分压公式。

【例 12-2】已知两个阻抗串联，$Z_1 = (10 + \mathrm{j}10)\ \Omega$，$Z_2 = (20 - \mathrm{j}50)\ \Omega$，两端电压 $u = 100\sqrt{2}\sin\omega t$ V。

求：（1）等效复阻抗和电流的瞬时值表达式；

（2）判断电路的性质。

解：（1）$Z = Z_1 + Z_2 = (10 + \mathrm{j}10) + (20 - \mathrm{j}50) = 30 - \mathrm{j}40 = 50\angle -53.1° \ \Omega$

电流相量 $\dot{I} = \dfrac{\dot{U}}{Z} = \dfrac{100\angle 0°}{50\angle -53.1°}$ A $= 2\angle 53.1°$ A。

所以电流的瞬时值表达式 $i = 2\sqrt{2}\sin(\omega t + 53.1°)$ A。

（2）因为阻抗角 $\varphi = -53.1° < 0$，所以电路呈电容性。

2. 复阻抗的并联

图 12-6 所示为已知两个复阻抗 Z_1、Z_2 并联的电路。由图可知

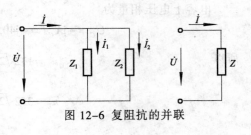

图 12-6 复阻抗的并联

$$\dot{I} = \left(\frac{\dot{U}}{Z_1} + \frac{\dot{U}}{Z_2}\right) = \left(\frac{1}{Z_1} + \frac{1}{Z_2}\right)\dot{U} = \frac{\dot{U}}{Z}$$

所以

$$\frac{1}{Z} = \frac{1}{Z_1} + \frac{1}{Z_2}$$

由此可以推出：n 个复阻抗并联的等效复阻抗的倒数等于并联的各个复阻抗的倒数和，即

$$\frac{1}{Z} = \frac{1}{Z_1} + \frac{1}{Z_2} + \cdots + \frac{1}{Z_n} \tag{12-5}$$

如只有两个阻抗并联，则有

$$Z = \frac{Z_1 Z_2}{Z_1 + Z_2}$$

各支路电流 $\dot{I}_1 = \dfrac{\dot{U}}{Z_1} = \dfrac{\dot{I}Z}{Z_1} = \dfrac{Z_2}{Z_1 + Z_2}\dot{I}$ $\qquad$ $\dot{I}_2 = \dfrac{Z_1}{Z_1 + Z_2}\dot{I}$

即为两个复阻抗并联的分流公式。

【**例 12-3**】如图 12-7 所示，已知 $R = X_L = X_C = 20\,\Omega$，电压相量 $\dot{U} = 200\angle 60°\,\mathrm{V}$，求电流相量 $\dot{I}$、$\dot{I}_L$、$\dot{I}_C$。

解：

$$Z_1 = 20 + \mathrm{j}20 = 20\sqrt{2}\angle 45°\,\Omega$$

$$Z_2 = -\mathrm{j}20 = 20\angle -90°\,\Omega$$

电流相量

$$\dot{I} = \frac{\dot{U}}{Z} = \frac{200\angle 60°}{20\sqrt{2}\angle -45°} = 5\sqrt{2}\angle 105°\,\mathrm{A}$$

$$\dot{I}_L = \frac{\dot{U}}{Z_1} = \frac{200\angle 60°}{20\sqrt{2}\angle 45°} = 5\sqrt{2}\angle 15°\,\mathrm{A}$$

$$\dot{I}_C = \frac{\dot{U}}{Z_2} = \frac{200\angle 60°}{20\angle -90°} = 10\angle 150°\,\mathrm{A}$$

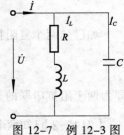

图 12-7 例 12-3 图

本题也可以用分流公式计算。

四、复导纳

阻抗的倒数就是导纳，用大写字母 Y 表示，即

$$Y = \frac{1}{Z} = \frac{\dot{I}}{\dot{U}} \tag{12-6}$$

导纳也是个复数，它同样可用代数形式表示，也可用极坐标形式表示，即

$$Y = G + \mathrm{j}B \qquad 或 \qquad Y = |Y|\angle\varphi_Y \tag{12-7}$$

式中：G 称为电导，B 称为电纳，$|Y|$ 称为导纳的模，φ_Y 称为导纳角。它们之间的关系为

$$|Y| = \sqrt{G^2 + B^2} = \frac{1}{|Z|} \quad , \qquad \varphi_Y = \arctan\frac{B}{G} = -\varphi_Z \qquad (12\text{-}8a)$$

或

$$G = |Y|\cos\varphi_Y \qquad\qquad B = |Y|\sin\varphi_Y \qquad (12\text{-}8b)$$

所以电阻、电感和电容元件的导纳分别为

$$Y_R = \frac{1}{R} = G$$

$$Y_L = -j\frac{1}{\omega L} = -jB_L = B_L\angle -90°$$

$$Y_C = j\omega C = jB_C = B_C\angle 90°$$

下面来分析 RLC 并联电路的导纳。RLC 并联电路如图 12-8（a）所示，电路的相量模型如图 12-8（b）所示，设电路中的电压为

$$u(t) = \sqrt{2}U\sin\omega t$$

则电压相量

$$\dot{U} = U\angle 0°$$

所以

$$\dot{I}_R = G\dot{U}$$

$$\dot{I}_L = -jB_L\dot{U}$$

$$\dot{I}_C = jB_C\dot{U}$$

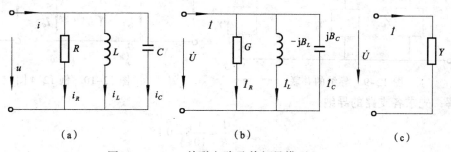

（a）　　　　　　　（b）　　　　　　　（c）

图 12-8　RLC 并联电路及其相量模型

根据 KCL，得电路总电流

$$\dot{I} = \dot{I}_R + \dot{I}_L + \dot{I}_C = G\dot{U} + (-jB_L\dot{U}) + jB_C\dot{U}$$

$$= \left[G + j(B_C - B_L)\right]\dot{U} = Y\dot{U}$$

式中：Y 为 RLC 并联电路的总导纳，其值为

$$Y = G + jB = G + j(B_C - B_L) \qquad (12\text{-}9)$$

可见，在 RLC 并联电路的相量模型可用导纳 Y 来等效，如图 12-8（c）所示。

由上式可看出：RLC 并联电路总导纳的实部为电阻支路的电导值 G；总导纳的虚部为电容支路的容纳 B_C 和电感支路的感纳 B_L 的代数差。所以 RLC 并联电路在已知 R、L、C 和电

源角频率 ω 情况下可以很容易求得导纳，故分析 RLC 并联电路使用导纳法比较方便。

与 RLC 串联电路相似，由于 RLC 并联电路电纳可有三种情况，所以 RLC 并联电路也可呈现三种不同性质。

① 当 $B>0$，即 $B_C > B_L$，$\varphi_Y>0$ 时，电路呈容性。

② 当 $B<0$，即 $B_C < B_L$，$\varphi_Y<0$ 时，电路呈感性。

③ 当 $B=0$，即 $B_C=B_L$，$\varphi_Y=0$ 时，电路呈电阻性。此时电路中电压与电流同相，电路处于"并联谐振"。

五、复导纳的并联

n 个导纳 Y_1，Y_2，$\cdots$，Y_n 并联的电路如图 12-9 所示。

其等效导纳为

$$Y = \frac{\dot{I}}{\dot{U}} = \frac{\dot{I}_1 + \dot{I}_2 + \cdots + \dot{I}_n}{\dot{U}} = Y_1 + Y_2 + \cdots + Y_n \qquad (12\text{-}10)$$

即 n 个导纳并联的等效导纳等于各导纳之和。

【例 12-4】图 12-10 的 RLC 并联电路相量模型图，已知 $R=10\ \Omega$，$C=0.5\ \mu F$，$L=5\mu H$，正弦电压源的电压有效值 $U=2\ V$，$\omega=10^6\ rad/s$，求电路总电流 i，并说明电路的性质。

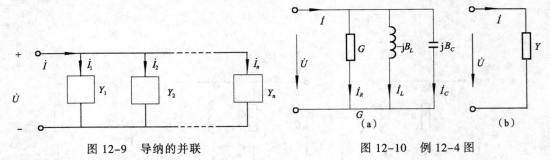

图 12-9 导纳的并联   图 12-10 例 12-4 图

解：先求各支路的导纳

$$G = \frac{1}{R} = \frac{1}{10}S = 0.1\,S$$

$$B_C = \omega C = 10^6 \times 0.5 \times 10^{-6}\,S = 0.5\,S$$

$$B_L = \frac{1}{\omega L} = \frac{1}{10^6 \times 5 \times 10^{-6}}\,S = 0.2\,S$$

电路的总导纳

$$Y = G + j(B_C - B_L) = 0.1 + j(0.5 - 0.2)$$
$$= 0.1 + j0.3 = 0.316\angle 71.56°\,S$$

其等效电路的相量模型如图 12-10（b），设

$$\dot{U} = 2\angle 0°\,V$$

则
$$\dot{I} = Y\dot{U} = 0.632\angle 71.56°\,A$$

$$i = 0.632\sqrt{2}\sin(10^6 t + 71.56°)\,A$$

导纳角 $\varphi_Y = 71.56° > 0$，表示电流超前于电压，因此电路呈容性。

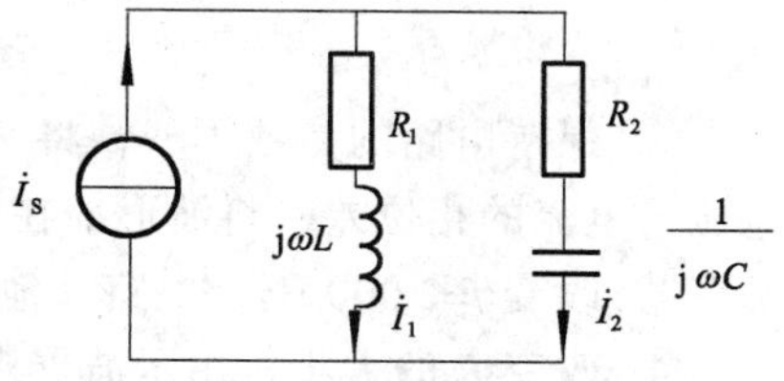

【例 12-5】已知图 12-11 中，$R_1 = 5\ \Omega$，$R_2 = 2\ \Omega$，$\omega L = 35\ \Omega$，$1/(\omega C) = 38\ \Omega$，$\dot{I}_S = 5\angle -15°\ \mathrm{A}$，求等效阻抗 Z 及 $\dot{I}_1$、$\dot{I}_2$。

图 12-11　例 12-5 图

解：
$$Z_1 = R_1 + j\omega L = (5 + j35)\ \Omega$$

$$Z_2 = R_2 - j\frac{1}{\omega C} = (2 - j38)\ \Omega$$

$$Z = \frac{Z_1 Z_2}{Z_1 + Z_2} = \frac{(5 + j35)(2 - j38)}{(5 + j35) + (2 - j38)}\ \Omega = 176.7\angle 18.08°\ \Omega$$

$$\dot{I}_1 = \frac{Z_2}{Z_1 + Z_2}\dot{I}_S = \frac{2 - j38}{5 + j35 + 2 - j38} \times 5\angle -15°\ \mathrm{A} = 24.98\angle -78.8°\ \mathrm{A}$$

$$\dot{I}_2 = \dot{I}_S - \dot{I}_1 = (5\angle -15° - 24.98\angle -78.8°)\ \mathrm{A} = 23.2\angle 90.3°\ \mathrm{A}$$

注意：本例中 I_1、I_2 都大于 I_S，即分支电流大于总电流。

由上可知，阻抗串、并联电路的计算与电阻串、并联电路相似，只不过是用相量计算而已。阻抗混联电路的计算亦然。

 任务实施

一、相关器材

① 低频信号发生器，1 台；

② 毫伏表，1 个；

③ 双踪示波器，1 台；

④ 电阻箱，1 个；

⑤ 电感箱（10 mH），1 个；

⑥ 电容箱（0.1 μF），1 个；

⑦ 万用表，1 个。

二、操作步骤

1. RL 串联电路

① 按图 12-12 接线。调节并保持信号发生器输出电压为 3.0 V，$R = 100\ \Omega$，$f = 1\ 000\ \mathrm{Hz}$，用毫伏表分别测量 U_R、U_L 及 U 的值记入表 12-1 中。

表 12-1　电路参数 R=_____, L=_____

频率 f	$U(\quad)$	$U_R(\quad)$	$U_L(\quad)$	相位差 φ	
				观测值	计算值
1 kHz					
2 kHz					

② 保持电路的参数不变，将 U 和 U_R 分别接至示波器 Y_A、Y_B 输入端，调节示波器观察电压与电流的相位差，将波形描在方格坐标纸上。

③ 改变 $f=2\,000$ Hz，电路其他参数均不改变，重做上述实验(1)、(2)的内容。

④ 改变 R 的大小，用示波器观察电压与电流相位差的变化情况。

2. RC 串联电路

① 按图 12–13 接线。调节并保持信号发生器输出电压为 3.0 V，$R=1\,000$ Ω，$f=1\,000$ Hz，用毫伏表分别测量 U_R、U_C 及 U 的值记入表 12–2 中。

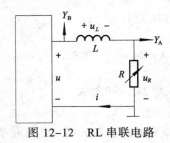
图 12-12 RL 串联电路

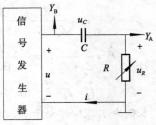
图 12-13 RC 串联电路

表 12-2 电路参数 $R=$_____，$C=$_____

频率 f	U（ ）	U_R（ ）	U_C（ ）	相 位 差 φ	
				观测值	计算值
1 kHz					
2 kHz					

② 保持电路的参数不变，将 U 和 U_R 分别接至示波器 Y_A、Y_B 输入端，调节示波器观察电压与电流的相位差，将波形描在方格坐标纸上。

③ 改变 $f=2\,000$ Hz，电路其他参数均不改变，重做上述实验（1）、（2）的内容。

④ 改变 R 的大小，用示波器观察电压与电流相位差的变化情况。

思考与练习

12.1 在某一频率时，测得若干线性不变元件组成的无源电路的阻抗如下：RC 电路：$Z=（5+j2）$ Ω；RL 电路：$Z=（5-j7）$ Ω；RLC 电路：$Z=（-2-j3）$ Ω；LC 电路：$Z=（2+j3）$ Ω。这些结果合理吗？

12.2 试求 $R=100$ Ω 和 $C=200$ μF 串联在 50 Hz 及 1 kHz 时的阻抗；$R=100$ Ω 和 $L=0.1$ H 电感在 50 Hz 及 1 kHz 时的阻抗。

任务⑬

➡ 荧光灯电路的测量和功率因数的提高

电气照明广泛应用于生产和生活领域中，荧光灯（俗称日光灯）是使用较多的照明器具。本次任务通过对荧光灯电路的分析和测量，来掌握交流电功率的分配规律，以及提高电能利用率、节约电能的主要方法。

- 掌握有功功率、无功功率、视在功率的计算。
- 理解功率因数提高的意义和方法。
- 学会安装与测试荧光灯照明电路。

指导教师让学生通过对荧光灯电路中电压、电流和功率的测量，来归纳总结正弦交流电路的工作特性，并能对其进行简单分析和计算。

（知识链接）

交流电路中由于电感、电容的存在，使得电路中不仅有能量的消耗，还有电感元件、电容元件储能的吸收与释放，从而使得电路的功率问题复杂化了。我们要从分析电路的瞬时功率入手，进而推导出有功功率、无功功率、视在功率的计算公式及它们之间的相互关系。

一、R、L、C 元件的功率

1. R 元件的功率

（1）瞬时功率

电压、电流变化时，功率也是变化的。电压与电流瞬时值的乘积称为瞬时功率，用小写字母 P 表示，在关联参考方向下，正弦交流电路中电阻元件的瞬时功率为

$$P_R = u_R i_R = U_{Rm} \sin \omega t \ I_{Rm} \sin \omega t = 2U_R I_R \sin^2 \omega t = U_R I_R (1 - \cos 2\omega t)$$

可见，瞬时功率恒为正值，表明电阻元件总是消耗能量，是一个耗能元件。

（2）平均功率

工程上都是计算瞬时功率 P 的平均值，即瞬时功率在一周期内的平均值，称为平均功率，用大写字母 P 表示，单位为 W，即

$$P = U_R I_R = \frac{U_R^2}{R} = I_R^2 R \qquad (13\text{-}1)$$

平均功率简称功率。通常，我们所说的功率都是指平均功率。例如，灯泡的功率为 60 W，电炉的功率为 2 000 W，电阻的功率为 0.5 W 等都是指平均功率。

2. L 元件的功率

（1）瞬时功率

设电感电流为

$$i_L = I_{Lm} \sin \omega t$$

电感电压为

$$u_L = I_{Lm} \sin(\omega t + 90°) = U_{Lm} \cos \omega t$$

在关联参考方向下，电感的瞬时功率为

$$p(t) = u_L i_L = U_{Lm} I_{Lm} \cos \omega t \sin \omega t$$

$$= \frac{1}{2} U_{Lm} I_{Lm} \sin 2\omega t = U_L I_L \sin 2\omega t$$

可见：电感元件的瞬时功率是角频率为 2ω 的正弦量，其波形如图 13-1 所示。

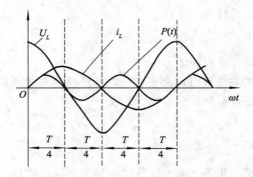

图 13-1　电感元件的瞬时功率曲线

（2）平均功率

电感在一个周期内的平均功率为

$$P = \frac{1}{T} \int_0^T p(t) \mathrm{d}t = \int_0^T U_L I_L \sin 2\omega t \mathrm{d}t = 0$$

平均功率等于零，这说明电感元件不消耗电能。由图 13-1 的功率曲线可以看出，在第一、第三个 1/4 周期内，瞬时功率为正值，电感从外电路或电源吸收能量并储存在磁场中；而在第二、第四个 1/4 周期内，瞬时功率为负值，电感把储存的磁能全部还给外电路或电源。

（3）无功功率

由于电感的瞬时功率在一周期内的平均值为零，为了反映电感元件与外界能量交换的情况，定义其瞬时功率的最大值为电感元件的无功功率。用字母 Q_L 表示，单位为"乏"（var），即

$$Q_L = U_L I_L = I_L^2 X_L = \frac{U_L^2}{X_L} \qquad (13\text{-}2)$$

由上述讨论可见，电感不消耗能量，它只与外电路或电源进行能量交换。从这个意义上

说，电感元件是储能元件。电感的平均储能为

$$W_L = \frac{1}{T}\int_0^T \omega_L(t)\mathrm{d}t = \frac{1}{2}LI^2 \qquad\qquad (13\text{-}3)$$

3. C元件的功率

（1）瞬时功率

电容 C 的电流与电压采用关联参考方向，则电容的瞬时功率为

$$p(t) = u_C i_C = U_{Cm}I_{Cm}\cos\omega t \sin\omega t$$
$$= \frac{1}{2}U_{Cm}I_{Cm}\sin 2\omega t = U_C I_C \sin 2\omega t$$

可见：电容元件的瞬时功率是角频率为 2ω 的正弦量，波形如图 13-2 所示。

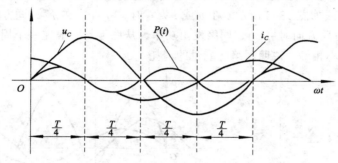

图 13-2　电容元件的瞬时功率曲线

（2）平均功率

电容在一个周期内的平均功率为

$$P = \frac{1}{T}\int_0^T p(t)\mathrm{d}t = \frac{1}{T}\int_0^T U_C I_C \sin 2\omega t = 0$$

由功率曲线可以看出，在第一、第三个 1/4 周期内，瞬时功率为正值，电容器充电，从外电路或电源吸收能量并储存在电场中；而在第二、第四个 1/4 周期内，瞬时功率为负值，电容器放电，将储存的电场能量全部还给外电路或电源。

（3）无功功率

由于电容的瞬时功率在一周期内的平均值为零，为了反映电容元件与外界能量交换的情况，定义其瞬时功率的最大值为电容元件的无功功率。用字母 Q_C 表示，单位为 "乏"（var），即

$$Q_C = U_C I_C = I_C^2 X_C = \frac{U_C^2}{X_C} \qquad\qquad (13\text{-}4)$$

由上述讨论可见，电容不消耗能量，它只与外电路或电源进行能量交换。从这个意义上说，电容元件也是储能元件。其平均储存的电场能量为

$$W_C = \frac{1}{2}CU_C^2 \qquad\qquad (13\text{-}5)$$

二、二端网络的功率

实际电路一般是由电阻、电感、电容元件组成的二端网络。

1. 瞬时功率

图 13-3 所示为任一线性无源二端网络，以电流为参考正弦量，设端口电流为

$$i = I_m \sin \omega t$$

端口电压为

$$u = U_m \sin(\omega t + \varphi) \quad (\varphi 为电压与电流的相位差)$$

当电压、电流参考方向相关联时，瞬时功率为

$$p = ui = U_m \sin(\omega t + \varphi) I_m \sin \omega t = 2UI \sin(\omega t + \varphi) \sin \omega t \tag{13-6}$$
$$= UI \cos \varphi - UI \cos(2\omega t + \varphi)$$

可见，瞬时功率由两项组成，一项为恒定分量 $UI \cos \varphi$，另一项为频率为 2ω 的余弦分量 $UI \cos(2\omega t + \varphi)$，曲线如图 13-4 所示。在 u 或 i 为零时，$p = 0$；在 u 和 i 同方向时 $p > 0$，网络吸收功率；在 u 和 i 反方向时 $p < 0$，网络发出功率，从图上看一般在一个周期内网络吸收的功率和发出的功率不相等，说明网络有能量的消耗。

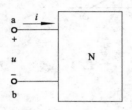

图 13-3　二端网络

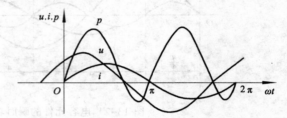

图 13-4　二端网络电压、电流和功率波形

2. 有功功率（平均功率）

有功功率的计算公式为

$$P = \frac{1}{T} \int_0^T p(t) \mathrm{d}t = UI \cos \varphi \tag{13-7}$$

式中，U、I 为端口电压和电流的有效值，φ 为端口电压和电流的相位差，$\cos \varphi$ 为二端网络的功率因数。

有功功率就是电路中消耗的功率，由于电感、电容元件的有功功率为零，因而电路中的有功功率等于各电阻元件消耗的功率之和，即

$$P = \sum U_R I_R \tag{13-8}$$

3. 无功功率

将瞬时功率展开后得到

$$P = UI \cos \varphi (1 - \cos 2\omega t) + UI \sin \varphi \sin 2\omega t$$

第一项在一周期内的平均值为 $UI \cos \varphi$；第二项是最大值为 $UI \sin \varphi$，角频率为 2ω 的正弦量，在一周期内的平均值为零，它反映了网络与外界能量交换的情况。定义该项的最大值为网络的无功功率。用字母 Q 表示为

$$Q = UI \sin \varphi \tag{13-9}$$

因为电阻元件无功功率为零，所以电路的无功功率等于电感元件与电容元件无功功率的代数和，即

$$Q = \sum Q_L - \sum Q_C \qquad (13\text{-}10)$$

4. 视在功率

在正弦交流电路中，将电压有效值和电流有效值的乘积称为网络的视在功率。用字母 S 表示，单位为伏安（V·A）或千伏安（kV·A），即

$$S = UI \qquad (13\text{-}11)$$

因为

$$P = UI\cos\varphi = S\cos\varphi$$

$$Q = UI\sin\varphi = S\sin\varphi$$

所以

$$S = \sqrt{P^2 + Q^2} \qquad \varphi = \arctan\frac{Q}{P}$$

可见，S、P、Q 三者也构成了直角三角形的关系，称为功率三角形。它与网络的阻抗三角形、电压三角形为相似三角形，如图 13-5 所示。

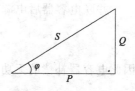

图 13-5　功率三角形

视在功率通常用来表示电气设备的容量。各种电气设备的额定电压与额定电流的乘积为额定视在功率，通常称为容量，$S_N = U_N I_N$。电源设备的容量表明了该电源提供的最大有功功率，而并不等于实际输出的有功功率，有功功率还与功率因数有关。

三、功率因数的提高

由 $P = UI\cos\varphi = S\cos\varphi$ 可知，电路的功率因数越高，电源设备发出的功率越接近于容量，电源设备就能得到充分利用。由上式还可知道，当负载的功率和电压一定时，功率因数越高，线路中的电流越小，所以输电线上的能量损耗越小，压降也越小，从而提高了输电的效率。提高功率因数具有重要的经济意义。

1. 提高功率因数的方法

实际电路中的负载多数为感性，如荧光灯、电动机等，可采用在感性负载两端并联适当的电容器进行补偿。

如图 13-6（a）所示，对一个感性负载，未并电容器时，线路中的电流等于 $\dot{I}_L$，电路的功率因数为 $\cos\varphi_1$；并联电容器后，线路中的电流 $\dot{I} = \dot{I}_L + \dot{I}_C$，功率因数为 $\cos\varphi$，由相量图 13-6（b）可以看出 $\varphi < \varphi_1$，所以 $\cos\varphi > \cos\varphi_1$，即并上电容器以后，功率因数提高了。

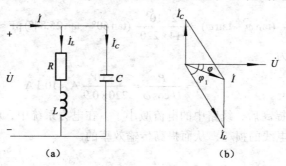

图 13-6　感性负载并联电容器

特别要注意，所谓提高功率因数是感性负载并联电容后提高了整个电路的功率因数，从而使供电总电流减小，从而获得经济效益。但感性负载本身的功率因数并未改变，它本身的电压、电流和工作状态均未改变。在未并联电容器时负载所需的无功功率全部由电源提供，而并联电容器后，负载所需的无功功率一部分由电容器提供（补偿），从而减小了电源供给的无功功率，使电源设备的容量得到充分利用。

2. 并联电容的选取

未并联电容器时电源提供的无功功率为

$$Q = UI_1 \sin \varphi_1 = UI_1 \frac{\cos \varphi_1 \sin \varphi_1}{\cos \varphi_1} = P \tan \varphi_1$$

并联电容器后电源提供的无功功率为

$$Q' = UI \sin \varphi = UI \frac{\cos \varphi \sin \varphi}{\cos \varphi} = P \tan \varphi$$

因此电容器补偿的无功功率为

$$Q_C = Q - Q' = P(\tan \varphi_1 - \tan \varphi)$$

又因为

$$Q_C = \frac{U^2}{X_C} = \omega C U^2$$

所以

$$C = \frac{P}{\omega U^2}(\tan \varphi_1 - \tan \varphi) = \frac{P}{2\pi f U^2}(\tan \varphi_1 - \tan \varphi) \qquad (13-12)$$

在式（13-12）中的 C 值，就是当电源提供有功功率为 P、供电电压为 U、电源频率为 f、将功率因数从 $\cos \varphi_1$ 提高到 $\cos \varphi$ 所需并联的电容器的电容量。

【例】将一台功率因数为 0.5，功率为 2 kW 的单相交流电动机接到 220 V 的工频电源上，求：（1）线路上的电流。（2）若将电路的功率因数提高到 0.9，需并联多大的电容？这时线路中电流为多大？

解：（1）根据 $P = UI \cos \varphi_1$，线路上的电流为

$$I_1 = \frac{P}{U \cos \varphi_1} = \frac{2 \times 10^3}{220 \times 0.5} \text{A} \approx 18.18 \text{ A}$$

（2）当 $\cos \varphi_1 = 0.5$ 时，$\varphi_1 = 60°$；当 $\cos \varphi = 0.9$ 时，$\varphi = 25.84°$

需并联的电容为

$$C = \frac{P}{\omega U^2}(\tan \varphi_1 - \tan \varphi) = \frac{2 \times 10^3}{314 \times 220^2}(\tan 60° - \tan 25.84°) \text{μF} \approx 164 \text{ μF}$$

线路中的电流为

$$I = \frac{P}{U \cos \varphi} = \frac{2 \times 10^3}{220 \times 0.9} \text{A} \approx 10.1 \text{ A}$$

可见功率因数提高后，线路中的电流减小了。在电力系统中，就是利用高压传输和提高功率因数来减少输电线的损耗，从而提高传输效率的。

任务实施

一、相关器材

① 30W 荧光灯套件，1 套；
② 单相自耦调压器，1 台；
③ 电容箱，1 个；
④ 交流电压表或万用表，1 块；
⑤ 交流电流表，1 块；
⑥ 单相功率表，1 块；
⑦ 电流插座，3 套。

二、相关知识

1. 荧光灯简介

（1）荧光灯组成

荧光灯，由灯管、镇流器和启辉器（又称辉光启动器）三部分组成，其电路见图 13-7。

荧光灯管是一根细长玻璃管，管内充有少量水银蒸气，管内壁涂有一层荧光粉，两端各有一组灯丝，灯丝上涂有易使电子发射的金属氧化物。

镇流器是一个具有铁心的电感线圈，其作用是由它产生很大的感应电动势使灯管点燃，在灯管正常工作时，限制电流。镇流器应与相应规格的灯管配套使用。

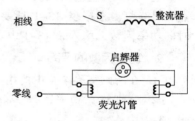

图 13-7　荧光灯电路

启辉器在荧光灯电路中起自动开关的作用，在它的玻璃泡内充有氖气，并装有两个电极，其中一个由双金属片制成，双金属片在热胀冷缩时具有自动开关的作用，高温时两电极接通，低温时断开。

（2）荧光灯工作原理

在图 13-7 的电路中，刚接通电源时，启辉器两极间承受着电源电压（此时荧光灯管尚未点亮，在电路中相当于开路），启辉器两电极间产生辉光放电，使双金属片受热膨胀而与静触点接触，电源经镇流器、灯丝、启辉器构成电流通路使灯丝加热。由于启辉器的两个电极接触使辉光放电停止，双金属片冷却使两个电极分离，使电路突然断开，瞬间在镇流器两端产生较高的自感电动势，这个自感电动势与电源电压共同加在已加热的灯管两端的灯丝间，使灯丝发射大量电子，并使管内气体电离而放电而发光，灯管点亮以后，灯管两端电压较低，不会使启辉器再动作。

（3）荧光灯正常工作时的等效电路

灯管点亮以后，灯管近似为一个纯电阻，由于镇流器与日光灯管串联，荧光灯电路可以用图 13-8 所示的等效电路来表示。镇流器具有较大的感抗，所以又能限制电路中的电

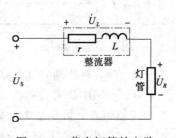

图 13-8　荧光灯等效电路

流，维持荧光灯管的正常工作。荧光灯点亮以后，我们通过测量镇流器和灯管两端的电压，可以观察电路中各电压的分配情况。

（4）镇流器的感抗较大，荧光灯电路的功率因数是比较低的，通常在 0.5 左右。过低的功率因数对供电和用户来说都是不利的，一般可以用并联合适电容器来提高电路的功率因数。

2. 功率表的使用

功率表用于测量电路的有功率，应注意正确选用功率表的电压、电流和功率量限，正确接线和读数。本次实训中，由于电路功率因数较低，宜选用低功率因数表来测量功率。

三、操作步骤

1. 荧光灯电路的测量

① 分析表 13-1 所要求的实验内容，首先画出实验电路。

② 将调压器手柄置于零位，按正确的实验电路图接线。

③ 仔细检查电路无误后接通电源，调节调压器输出电压为 220 V（荧光灯额定电压），点亮日光灯。根据表 13-1 所要求的实验内容，逐项测量表中所要求的各项数据，并计算此时的功率因数，填入表 13-1 中。表中 I_{st} 为荧光灯启动电流。

2. 功率因数的提高

① 在所画实验电路中的相应位置上加画电容。

② 分别计算功率因数 $\cos\varphi=0.8$，$\cos\varphi=0.9$ 时所应并联的电容值，并将计算结果填入表 13-1 中。

③ 将调压器手柄置于零位，按正确的实验电路图在相应位置接入不同电容。

④ 仔细检查电路无误后接通电源，调节调压器输出电压为 220 V，点亮荧光灯。根据表 13-1 所要求的实验内容，逐项测量表中所要求的不同功率因数时的各项数据。

⑤ 检查实验数据无误后，断开电源，电容器经短接放电后，拆除线路，测量并记下镇流器线圈的电阻值。

表 13-1　镇流器线圈电阻 $r =$ _____

项　　目		测　量　数　值							计　算　值		
并电容器前		$U( )$	$U_L( )$	$U_R( )$	$I( )$	$I_L( )$	$I_C( )$	$I_{st}( )$	$P( )$	$P_R( )$	$P_L( )$	C
$\cos\varphi=$											
并联电容值	$\cos\varphi=0.8$										
	$\cos\varphi=0.9$										

四、注意事项

① 预习时所画实训电路图必需经老师检查认可后方可使用。

② 实训中认真检查实训电路，镇流器规格应与荧光灯管规格相符。特别注意接线时别把镇流器短接，以免烧坏荧光灯管。功率表的电压、电流线圈接线应符合要求，量限选择应正确，实训电路必须经老师检查认可后才能通电实训。

③ 荧光灯启动时的电流较正常工作时的电流大，在做启动试验时应注意电流表的量限，

观察指针偏转情况，勿使过载。

④ 注意单相调压器的正确使用，不能将初、次级绕组（又称一次、二次绕组）接错。每次使用时，都应首先将调压器输出调节到零，接通电源后，再旋动手柄，将电压调到所需之值。

思考与练习

13.1 提高功率因数的意义是什么?负载并联电容后负载的功率因数提高了吗?

13.2 正弦电压施加于 10 Ω 电阻时，电阻消耗功率为 360 W，求电压与电流的有效值。

13.3 单端口电压与电流采用关联参考方向，其电压与电流瞬时值表达式为

$$u(t)=141\sin(314t+30°) \text{ V}$$

$$i(t)=2\sin(314t-30°) \text{ A}$$

试求该端口吸收的有功功率、无功功率、视在功率和功率因数。

13.4 荧光灯电路中启辉器的作用是什么？若实验时无启辉器，你能否点燃荧光灯？如何操作？

13.5 荧光灯电路提高功率因数前后功率是否发生变化，荧光灯支路的电流 I_L、$\cos\varphi$ 是否发生变化，为什么？

任务 ⑭

➡ RLC 串联谐振电路的认识与测量

在前几次任务的讲述中我们知道交流电路的工作特性受电源频率的影响较大，含有电感、电容和电阻的单口网络在某些工作频率上，会出现端口电压和电流波形相位相同的情况，我们称之为电路发生"谐振"。能发生谐振的电路称为谐振电路，谐振电路在电子和通信工程中得到广泛应用。下面我们通过实际测定来认识和观察谐振电路的工作特性。

 任务目标

● 了解谐振电路的特点。
● 学会测定 RLC 串联谐振电路的谐振频率和特性。

 任务描述

指导教师让学生通过对 RLC 串联谐振电路中频率特性的测定，来归纳总结它们的工作特性，并能对其进行简单分析和计算。

 知识链接

一、串联谐振

1. 串联谐振的条件与谐振频率

如图 14-1 所示，在 RLC 串联电路中，如果电压与电流同相，必须满足：

$$X_L = X_C$$

即

$$\omega L = \frac{1}{\omega C} \tag{14-1}$$

式（14-1）即为电路发生串联谐振的条件。

我们可以求出谐振角频率为

$$\omega_0 = \frac{1}{\sqrt{LC}} \tag{14-2}$$

谐振频率为

$$f_0 = \frac{1}{2\pi\sqrt{LC}} \tag{14-3}$$

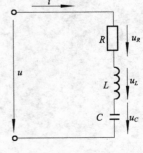

图 14-1 RLC 串联电路

2. 串联谐振的特点

（1）阻抗和电流

串联谐振时电路的阻抗最小，其值 $|Z|=R$。在电压一定时电路中的电流在谐振时达到最大值。

$$I_0 = \frac{U}{|Z|} = \frac{U}{R} \qquad (14\text{-}4)$$

（2）电压

串联谐振时，各元件上的电压有效值分别为

$$\begin{cases} U_R = I_0 R = U \\ U_L = I_0 X_L \\ U_C = I_0 X_C \end{cases} \qquad (14\text{-}5)$$

由于 $X_L = X_C$，所以 $U_L = U_C$，即电感电压与电容电压的有效值相等，但相位相反，互相抵消。

串联谐振时，电感两端或电容两端的电压值比总电压大的多，所以串联谐振又称电压谐振。此时电阻上的电压等于电源电压。串联谐振时的相量图如图 14-2 所示。

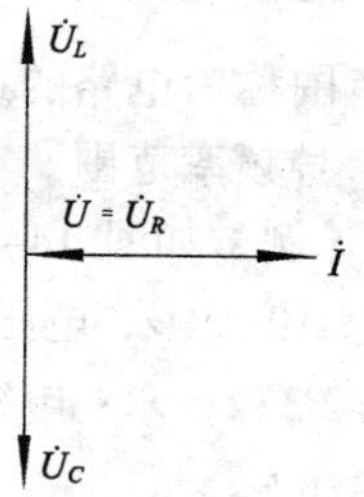

在工程上常把串联谐振时电容或电感上的电压与总电压之比称为电路的品质因数，用 Q 表示，即

$$Q = \frac{U_L}{U} = \frac{\omega_0 L}{R} = \frac{1}{\omega_0 C R} \qquad (14\text{-}6)$$

图 14-2　串联谐振时的相量

所以谐振时：

$$U_C = U_L = QU \qquad (14\text{-}7)$$

品质因数是一个无量纲的量，其大小与元件的参数有关，Q 一般可达几十到几百。

如果 $Q \gg 1$，则电路在谐振或接近谐振时，电感和电容上会出现超过外施电压 Q 倍的高电压。这个高电压可以加以利用，例如在无线电通信方面，使微弱的信号电压输入到串联谐振回路，在电容两端可以一个比输入电压大许多倍的电压。但在电力系统中，由于电源电压本身很高，如果电路在串联谐振情况下工作，则会引起电气设备的损坏。所以设计这类电路时要避免发生谐振。

3. 串联谐振曲线

在电源电压和电路参数一定的情况下，电流的有效值是频率的函数。图 14-3 所示为电路参数固定时电流随频率变化的曲线，称为 RLC 串联电路的频率响应曲线或电流谐振曲线。

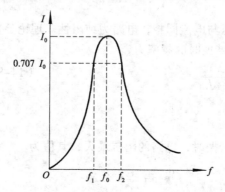

图 14-3　RLC 串联电路的电流谐振曲线

从电流谐振曲线上可以看出，当电源频率偏离谐振频率时，电流将急剧下降，表明电路

具有选择最接近于谐振频率附近的电流的性能，电路的这一特性称为选择性。从谐振通用曲线上看，电流谐振曲线的形状与 Q 值有关。Q 值越大，曲线越尖锐，电路的选择性就越好。

在电子技术中，为了获得较好的选择性，总要设法提高电路的 Q 值，但是品质因数也不是越大越好，就收音机而言，广播电台发射的无线电波是以某一高频为中心频率的一段频带，因此要收听电台的广播时，应该把电台发射的这段频带都接收下来。

在工程上规定，当电路的电流为 $I = \dfrac{I_0}{\sqrt{2}} = 0.707 I_0$ 时，谐振曲线所对应的上、下限频率之间的范围称为电路的通频带。如图 14-3 所示，通频带 $f = f_2 - f_1$，它指出了谐振电路允许通过的信号频率范围。

【例】如图 14-4 所示，是一个收音机的接收电路，欲接收频率为 10 MHz、电压为 0.15 mV 的短波信号，线圈 $L = 5.1\ \mu\text{H}$，$R = 2.3\ \Omega$。求：电容 C，电路的品质因数 Q，电流 I_0，电容器上的电压 U_C。

解：根据 $\omega_0 = \dfrac{1}{\sqrt{LC}}$ 得

$$C_0 = \frac{1}{\omega_0^2 L} = \frac{1}{(2\pi \times 10 \times 10^6)^2 \times 5.1 \times 10^{-6}} = 49.6\ \text{pF}$$

$$Q = \frac{\omega_0 L}{R} = \frac{(2\pi \times 10 \times 10^6)^2 \times 5.1 \times 10^{-6}}{2.3} = 139$$

电路中的电流为

$$I_0 = \frac{U}{R} = \frac{0.15}{2.3}\ \text{mA} = 0.065\ 2\ \text{mA}$$

$$U_C = QU = 139 \times 0.15\ \text{mV} = 20.85\ \text{mV}$$

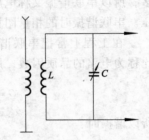

图 14-4　收音机接收电路

二、并联谐振

1. 谐振频率

图 14-5 所示为线圈与电容并联的电路。其中 L 是线圈的电感，R 是线圈的电阻。

电路发生谐振时，电压与电流同相，电路为纯阻性。理论分析指出，当 $\omega L \gg R$ 时，并联谐振时的频率为

$$f_0 \approx \frac{1}{2\pi\sqrt{LC}} \qquad (14\text{-}8)$$

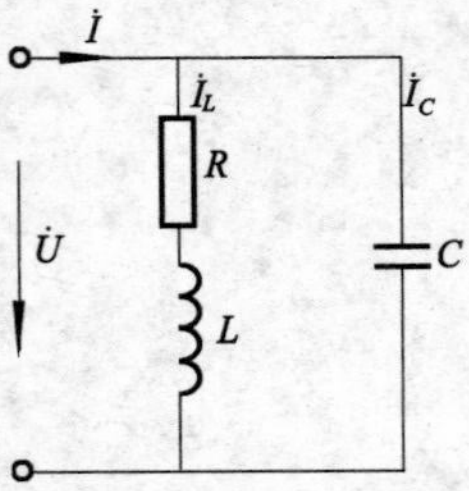

2. 并联谐振的特点

（1）阻抗

理论分析指出，并联谐振时，电路的阻抗最大，其值为

图 14-5　并联谐振电路

$$|Z| = \frac{R^2 + (\omega_0 L)^2}{R} = \frac{R^2 + (\frac{1}{LC} - \frac{R^2}{L^2})L^2}{R} = \frac{L}{RC} \qquad (14\text{-}9)$$

（2）电流

理论分析指出，并联谐振时，电路中的总电流在谐振时达到最小值，其值为

$$I_0 = \frac{U}{|Z|} = \frac{U}{L/RC} \qquad (14\text{-}10)$$

谐振时各并联支路的电流为

$$I_L = \frac{U}{\sqrt{R^2 + (\omega_0 L)^2}} \approx \frac{U}{\omega_0 L} \qquad (14\text{-}11)$$

$$I_C = \frac{U}{1/\omega_0 C} \qquad (14\text{-}12)$$

并联谐振时，电感支路和电容支路的电流将远大于电路的总电流，因而并联谐振也称为电流谐振。

电路谐振时，支路电流与总电流的比值称为电路的品质因数，即

$$Q = \frac{I_L}{I_0} = \frac{\omega_0 L}{R} = \frac{1}{\omega_0 CR} \qquad (14\text{-}13)$$

$$I_L \approx I_C = QI_0 \qquad (14\text{-}14)$$

并联谐振时的相量图如图 14-6 所示，在谐振时电感支路和电容支路的电流近似相等，是总电流的 Q 倍，相位近似相反。在电子技术中，并联谐振电路有着广泛的应用。

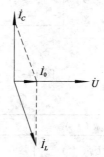

图 14-6 并联谐振时的相量图

 任务实施

一、相关器材

① 低频信号发生器，1 台；

② 毫伏表，1 块；

③ 双踪示波器，1 台；

④ 电阻器（200 Ω），1 个；

⑤ 电感器（30 mH），1 个；

⑥ 电容器（0.033 μF），1 个。

二、操作步骤

① 寻找谐振频率，研究谐振电路的特点。

按图 14-7 所示接线，R 取 200 Ω，L 取 30 mH，C 取 0.033 μF，低频信号发生器输出阻抗置于 600 Ω。用毫伏表测量电阻上的电压 U_R，因为 $U_R = RI$，当 R 一定时，U_R 与 R 成正比，电路这时的电流 I 最大，电阻电压 U_R 也最大。保持信号发生器的输出电压为 5 V，细心调节输出电压的频率，使 U_R 为最大，电路即达到谐振，测量电路中的电压 U_R、U_L、U_C，并读取谐振频率 f_0，记入表 14-1 中，同时记下元件参数 R、L、C 的实际数值。

② 用示波器观察测量 RLC 串联谐振电路中电流和电压的相位关系。

按图 14-8 接线，R 取 500 Ω，L 和 C 的值同图 14-7，电路中 A 点的电位送入双踪示波器的 Y_A 通道，它显示出电路中总电压 U 的波形。将 B 点的电位送入 Y_B 通道，它显示出电阻 R 上的电压波形，此波形与电路中电流 i 的波形相似，因此可以直接把它当作电流 i 的波形。

示波器和信号发生器的接地端必须连接在一起，信号发生器的输出频率取谐振频率 f_0，输出电压 5 V，示波器的内触发旋钮必须拉出，调节示波器使时屏幕上获得 2～3 个波形，将电流 i 和电压 u 的波形描绘下来。再在 f_0 左右各取一个频率点，信号发生器输出电压仍保持 5 V，观察并描绘 i 和 u 的波形。

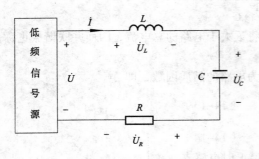

图 14-7 串联谐振线路 　　图 14-8 观察电流和电压检相位的线路图

表 14-1 记录表

R (　　)		L (　　)		C (　　)	
U_R (　　)		U_L (　　)		U_C (　　)	
f_0 (　　)		$I_0=U_R/R$ (　　)		Q	

i 和 u 的波形请在图 14-8 中绘出。

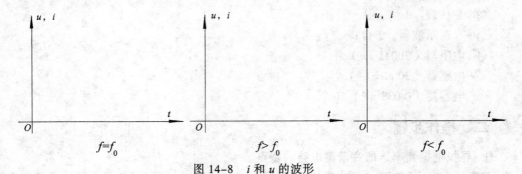

图 14-8 i 和 u 的波形

调节信号发生器的输出频率，在 f_0 左右缓慢变化，观察示波器屏幕上 i 和 u 波形的相位和幅度的变化，并分析其变化原因。

思考与练习

14.1 为什么把串联谐振称为电压谐振，把并联谐振称为电流谐振？

14.2 试分析谐振时能量的消耗和互换情况。

14.3 RLC 串联谐振电路中，为什么分电压可能大于电源电压？

综合练习题（三）

3-1　在选定的关联参考方向下，已知两正弦量的解析式为

$$u = 50\sin(\omega t + 120°) \text{ V} \qquad i = -5\sin(\omega t + 30°) \text{ A}$$

求：每个正弦量的振幅值、初相位和有效值，并求这两个正弦量之间的相位差。

3-2　某一正弦电压的相位为 $\frac{\pi}{6}$ rad 时，其瞬时值是 5 V，问它的振幅值、有效值分别是多少？

3-3　某正弦电流的角频率 ω=314 rad/s，初相 φ_i=-60°。当 t=0.02 s 时，其瞬时值为 0.5 A，写出该电流的瞬时表示式。

3-4　写出下列正弦量的相量，并画出相量图。

（1）$i_1 = 5\cos(\omega t + 30°)$ A　　　　　　（2）$i_2 = 10\sin(\omega t - 30°)$ A

3-5　试写出 1、-1、j、-j 的极坐标式。

3-6　试写出下列相量所代表的正弦量。

（1）$\dot{I}_m = (6 + \text{j}8)$ A　　　　　　（2）$\dot{U} = 8\angle -45°$ V

（3）$\dot{I}_m = (120 + \text{j}120)$ A　　　　（4）$\dot{I} = (200 - \text{j}150)$ A

（5）$\dot{U}_m = (-30 + \text{j}40)$ V　　　　（6）$\dot{U} = (-60 - \text{j}80)$ V

3-7　根据下列各题给出的电流相量 $\dot{I}_1$ 和 $\dot{I}_2$，试求 $i=i_1+i_2$ 的瞬时表达式，并画出相量图（设角频率均为 ω）。

（1）$\dot{I}_1 = 10\angle 30°$A，$\dot{I}_2 = 10\sqrt{3}\angle -60°$ A

（2）$\dot{I}_1 = 5\angle 36.9°$A，$\dot{I}_2 = (-3 + \text{j}4)$ A

3-8　利用相量计算下列两正弦电流的和与差，并分别画出它们的相量图。

$$i_1 = 10\sin(\omega t + 60°) \text{ A} \qquad i_2 = 8\sin(\omega t - 30°) \text{ A}$$

3-9　综合练习图 3-1 所示电路中，电阻 R=1 000 Ω，u 为正弦电压，其最大值为 311 V，求图中电流表和电压表的读数。

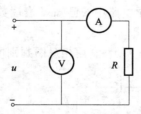

综合练习图 3-1　习题 3-9 图

3-10　已知某电感上的 $u_L = 220\sqrt{2}\sin(500t - 60°)$，$L$=0.1 H，求 X_L、i_L、$\dot{I}_L$，并画出相量图（电压与电流为关联参考方向）。

3-11　某电感 L=0.4 H，$u_L = 220\sqrt{2}\sin(316t + 60°)$，求：

（1）电流 i_L。（2）电感平均储能 W_L。

3-12　已知电压源 $u_S = 10\sqrt{2}\sin 2t$，电容 C=0.1 F，在关联参考方向下，求：

（1）i_C 与 $\dot{I}_C$；（2）电容平均储能 W_C。

3-13　综合练习图 3-2 所示电路中，已知 V_1 读数为 4 V，V_2 读数为 3 V，V_4 为 4 V，则

V、V_3 表的读数分别为多少?

3-14　RLC 并联电路如综合练习图 3-3 所示,已知 $u = 220\sqrt{2}\sin 100t$ V,C=40 μF,L=1H,R=400 Ω,试求电流 i。

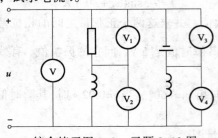

综合练习图 3-2　习题 3-13 图

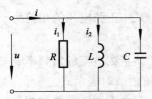

综合练习图 3-3　习题 3-14 图

3-15　将一台功率因数为 0.6,功率为 2 kW 的单相交流电动机接到 220 V 的工频电源上,求线路上的电流及电动机的无功功率。

3-16　RC 串联电路,已知 R=5Ω,C=0.1 F,电源电压 $u_S = 10\sqrt{2}\sin 2t$ V,试求电容元件上电压。

3-17　交流接触器线圈的电感 L=14.6 H,电阻 R=440 Ω,接在 U=220 V、f=50Hz 的交流电源上,求流过线圈的电流 I。如果误将此线圈接在 U=220 V 的直流电源上,求此时流过线圈的直流电流 I。

3-18　在综合练习图 3-4 中,电流表 A_1 和 A_2 的读数已标示在图中,求 A 表的读数。

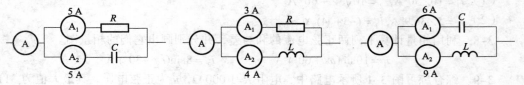

综合练习图 3-4　习题 3-18 图

3-19　在综合练习图 3-5 所示电路中,已知 V 表读数为 5 V,V_1 表读数为 3 V,V_2 表读数为 8 V,V_3 表的读数为多少?

3-20　电路如综合练习图 3-6 所示,利用相量图判别电压 $u(t)$ 超前电流还是滞后电流 $i(t)$。

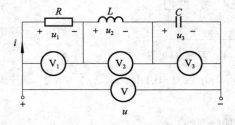

综合练习图 3-5　习题 3-19 图

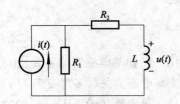

综合练习图 3-6　习题 3-20 图

3-21　综合练习图 3-7 中所示电路,已知 $X_L = X_C = R = 20$ Ω,电阻上电流为 20 A,求电源电压的大小。

3-22　电路如综合练习图 3-8 所示。已知电流相量 $\dot{I}_1 = 20\angle 36.9°$ A,$\dot{I}_2 = 10\angle -45°$ A,电压相量 $\dot{U} = 100\angle 0°$ V。求元件 R_1、X_L、R_2、X_C 和输入阻抗 Z。

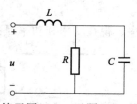
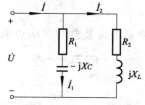

综合练习图 3-7　习题 3-21 图　　　综合练习图 3-8　习题 3-22 图

　　3-23　电路的相量模型如综合练习图 3-9 所示。当调节电容 C，使得电流 i 与电压 $\dot{U}$ 同相时，测得电压有效值 $U=50$ V，$U_C=200$ V，电流有效值 $I=1$ A。已知 $\omega=10^3$ rad/s，求 R、L、C 的值。

　　3-24　综合练习图 3-10 所示电路中，已知 $\dot{U}_C=10\angle 0°$ V，$R=3$ Ω，$X_L=X_C=4$ Ω，求电路的有功功率 P、无功功率 Q、视在功率 S 和功率因数。

　　3-25　电路如综合练习图 3-11 所示。已知 $U=20$V，R_1 和 X_L 串联支路消耗功率 $P_1=16$W，功率因数 $\cos\varphi_{Z1}=0.8$，R_2 和 X_C 串联支路消耗功率 $P_2=24$W，功率因数 $\cos\varphi_{Z2}=0.6$。试求：（1）电流 i、视在功率 S 和整个电路的功率因数 $\cos\varphi_Z$；（2）电压相量 $\dot{U}_{ab}$。

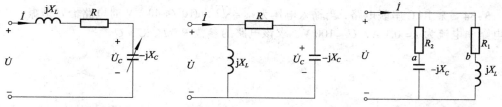

综合练习图 3-9　习题 3-23 图　　综合练习图 3-10　习题 3-24 图　　综合练习图 3-11　习题 3-25 图

　　3-26　电路如综合练习图 3-12 所示。已知 $\dot{U}=20\angle 0°$ V，电路消耗的总功率 $P=34.6$ W，功率因数 $\cos\varphi_Z=0.866(\varphi_Z<0)$，$X_C=12$ Ω，$R_1=25$ Ω。求 R_2 和 X_L。

　　3-27　荧光灯管和整流器串联接到交流电源上，可看成 R、L 串联电路，如综合练习图 3-13 所示，若电源电压 $U=220$ V，$f=50$ Hz，灯管电压为 103 V，整流器电压为 190 V，并已知灯管的等效电阻 $R_1=280$ Ω，试求整流器的等效参数 R_2、L，并画出相量图。

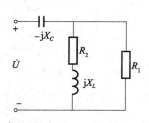
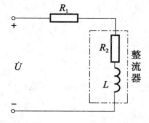

综合练习图 3-12　习题 3-26 图　　　　综合练习图 3-13　习题 3-27 图

　　3-28　综合练习图 3-14 所示的电路中，已知输入正弦电压 u_1 的频率为 $f=300$ Hz，$R=100$ Ω，要求输出电压 u_2 的相位要比 u_1 滞后 45°，问电容 C 的值应为多大？如果频率增高，u_2 比 u_1 滞后的角度增大还是减小？

　　3-29　在综合练习图 3-15 所示电路中，已知 $\dot{U}$ 与 i 同相，$R=86.6$ Ω，$X_L=50$ Ω，$\dot{I}_1=1\angle 0°$ A，求 X_C。

　　3-30　在 220 V 的线路上，并接有 20 只 40 W，功率因数为 0.5 的荧光灯和 100 只 40 W

的白炽灯，求线路总电流及总的有功功率、无功功率、视在功率和功率因数。

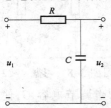

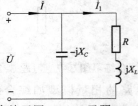

综合练习图 3-14　习题 3-28 图　　　综合练习图 3-15　习题 3-29 图

3-31　把 RLC 串联接到 $f = 1\,000$ Hz 的交流电源上。已知 $R = 5\Omega$，$L = 0.1$H，问电容为多大时电路发生谐振？若电源电压为 10V，谐振时各元件上的电压是多少？

3-32　RLC 串联电路中，已知 $L = 320\ \mu$H，若使电路的谐振频率覆盖中波无线电广播频率（从 550 kHz 到 1.6 MHz），求可变电容的可调范围。

3-33　RLC 串联电路中，已知 $R = 20\ \Omega$，$L = 0.1$ mH，$C = 100$ pF，求该电路的谐振频率、品质因数。

3-34　某 RLC 串联电路，当输入电压为 $u_S = \sqrt{2}\sin(10^6 t + 40°)$ V 时电路恰好谐振，此时串联电路中电流为 $I = 0.1$ A，$U_C = 100$ V，求该电路的参数 R、L、C、Q。

任务 ⑮

➡三相交流电路工作特性的认识与测量

　　目前，电力系统所采用的供电方式，绝大多数是三相制，工业用的交流电动机大都是三相交流电动机，单相交流电则是三相交流电的一部分，也就是三相交流电中的一相。三相交流电在国民经济中获得广泛的应用，这是因为三相交流电比单相交流电在电能的产生、输送和应用上具有更显著的优点。例如：在电机尺寸相同的条件下，三相发电机的输出功率比单相发电机高 50%左右；输送距离和输送功率一定时，采用三相制比单相制要节省大量的有色金属；三相用电设备具有结构简单、运行可靠、维护方便等良好性能。

　　以对称三相电源作为激励向负载供电的电路称为三相电路，其组成包括对称三相电源、三相负载和三相传输控制环节。本次任务就是让我们通过对实际对称三相电路的测量，来认识和理解三相电源、三相负载的相关知识。

📋 任务目标

- 掌握三相电源和三相负载的连接方式。
- 掌握对称三相正弦电路线电压与相电压、线电流与相电流的关系。
- 掌握三相正弦稳态电路功率的计算。

📋 任务描述

　　指导教师让学生通过对三相灯箱电路中电压、电流的测量，来归纳总结三相交流电路的工作特性，并能对其进行简单分析和计算。

📋 知识链接

　　实际电路的电源部分和负载部分经常由多个电路元件组合而成，直接去分析和计算电路中某部分的电压或电流往往会很困难。那么，能不能把这个复杂的电路化简成与原电路功能相同的简单电路呢？这就需要考虑电路化简的原则，要保证化简后的电路与原电路等效。

一、三相电源

1. 三相交流电的产生

　　三相交流电源电压一般是由三相交流发电机产生的。如图 15-1 所示，其结构主要由电枢和磁极两部分组成。

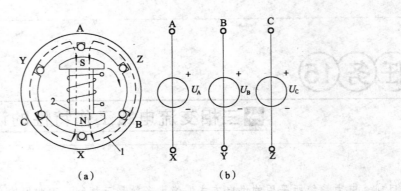

（a）　　　　　　　　　　　（b）

图 15-1　三相交流发电机的原理图

　　电枢是固定部分，又称定子，由定子铁心和三相电枢绕组组成。三相定子绕组的几何形状、尺寸和匝数都相同，分别为 AX、BY、CZ，其中 A、B、C 分别表示它们的首端，X、Y、Z 表示末端，每组线圈称为一相，要求各相的始端之间（或末端之间）都彼此间隔 120°。

　　磁极是发电机中的转动部分，又称转子，由转子铁心和励磁绕组组成，用直流电励磁后产生一个很强的恒定磁场。通过选择合适的极面形状和励磁绕组的布置，可使空气隙中的磁感应强度按正弦规律分布。

　　当转子由原动机带动，并以匀速转动时，每相绕组依次切割转子磁场，分别产生感应电压 u_A、u_B、u_C。由于结构上的对称性，各绕组中的电压必然频率相同，幅值相等。由于出现幅值的时间彼此相差三分之一周期，故在相位上彼此相差 120°。以 A 相电压为参考，则可得出各相电压的表达式分别为

$$u_A = U_m \sin \omega t$$
$$u_B = U_m \sin(\omega t - 120°) \tag{15-1}$$
$$u_C = U_m \sin(\omega t + 120°)$$

用相量表示则为

$$\dot{U}_A = U\angle 0°$$
$$\dot{U}_B = U\angle -120° \tag{15-2}$$
$$\dot{U}_C = U\angle 120°$$

三相对称电压源电压的波形图和相量图分别示于图 15-2（a）与图 15-2（b）中。

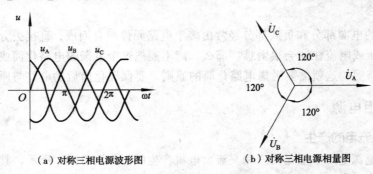

（a）对称三相电源波形图　　　　　　（b）对称三相电源相量图

图 15-2　三相对称电压源的波形图和相量图

三相交流电源电压到达同一数值（如正的幅值）的先后顺序称为相序。图 15-2 所示电路的三相电压源相序为 A–B–C，称其为正相序或顺序。若改变转子磁极的旋转方向或改变定子三相电枢绕组中任意两者的相对空间位置，则其相序将为 A–C–B，称其为负相序或逆序。一般不加说明均指正相序。

上面所述的幅值相等、频率相同，彼此间互差 120°的三相电压，称为三相对称电压。显然它们的瞬时值之和或相量和均为零。即

$$u_A + u_B + u_C = 0$$
$$\dot{U}_A + \dot{U}_B + \dot{U}_C = 0$$

(15-3)

2. 三相电源的连接

不论是三相发电机或三相电源变压器，它们都有三个独立的绕组，通常总是将发电机三相绕组接成星形（Y），有时也可以接成三角形（△）。

（1）星形（Y）联结

把发电机三个对称绕组的末端接在一起组成一个公共点 N，为星形联结，如图 15-3（a）所示。

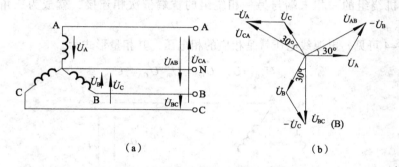

（a）　　　　　　　　　　（b）

图 15-3　电源的星形联结及电压相量图

星形联结时，公共点称为中性点，从中性点引出的导线称为中性线，俗称零线。当中性点接地时，中性线又称地线。从首端引出的三根导线称为相线或端线，俗称火线。相线与中性线之间的电压称为相电压，分别为 u_A、u_B、u_C，任意两相线之间的电压称为线电压，分别为 u_{AB}、u_{BC}、u_{CA}。各电压习惯上规定的参考方向如图 15-3（a）所示。

当三相电源电压对称时，选 $\dot{U}_A$ 为参考相量，用 U_P 表示相电压的有效值，则三个对称相电电压相量为

$$\dot{U}_A = U_P = \angle 0°$$

$$\dot{U}_B = U_P = \angle -120°$$

$$\dot{U}_C = U_P = \angle 120°$$

所以线电压

$$\dot{U}_{AB} = \dot{U}_B - \dot{U}_B = U_P \angle 0° - U_P \angle -120°$$
$$= U_P(1 + \frac{1}{2} + j\frac{\sqrt{3}}{2}) = \sqrt{3}U_P \angle 30°$$

同理可得 $\dot{U}_{BC}$ 和 $\dot{U}_{CA}$。

即

$$\begin{cases} \dot{U}_{AB} = \sqrt{3}U_P\angle 30° \\ \dot{U}_{BC} = \sqrt{3}U_P\angle -90° \\ \dot{U}_{CA} = \sqrt{3}U_P\angle 150° \end{cases} \tag{15-4}$$

各电压若用相量图表示则如图 15-3（b）所示。由此可见，当相电压对称时，线电压也是对称的。线电压的有效值 U_L 恰是相电压有效值 U_P 的 $\sqrt{3}$ 倍，即

$$U_L = \sqrt{3}\,U_P \tag{15-5}$$

并且这三个线电压相量分别超前于相应相电压相量 30°。

（2）三角形（△）联结

将发电机绕组的一相末端与另一相绕组的首端依次相连接，就成为三角形联结，如图 15-4 所示。

由图 15-4 可见，电源线电压就是相应的相电压，其相量形式为

$$\dot{U}_{AB} = \dot{U}_A \quad \dot{U}_{BC} = \dot{U}_B \quad \dot{U}_{CA} = \dot{U}_C$$

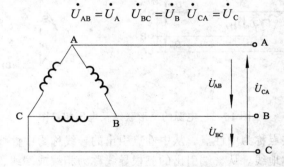

图 15-4　电源的三角形联结

即三角形联结时的线电压与相电压相等，即 $U_L = U_P$。

在三相电源电压对称时，$u_A + u_B + u_C = 0$。这表明三角形回路中合成电压等于零，即这个闭合回路中没有电流。

上述结论是在正确判断绕组首尾端的基础上得出的，否则，合成电压不等于零。接成三角形后会出现很大的环路电流。因此，在第一次实施三角形联结时需正确判断各绕组的极性。

一般发电机三相绕组都接成星形，而不接成三角形。而变压器的接线，星形与三角形接线都用。

二、三相负载

交流用电设备分为单相的和三相的两大类。一些小功率的用电设备例如电灯、家用电器等为使用方便都制造成单相的，用单相交流电供电，称为单相负载。

三相用电设备内部结构有三部分，根据要求可接成星形（Y）或三角形（△），称为三相负载，例如三相异步电动机等。

负载接入电源时应遵守两个原则：一是加于负载的电压必须等于负载的额定电压，二是应尽可能地使电源的各相负荷均匀、对称，从而使三相电源供电趋于平衡。

1. 负载的星形联结

把三个负载 Z_A、Z_B、Z_C 的一端联在一起，接到三相电源的中性线上，三个负载的另一端分别接到电源的 A、B、C 三相上称为负载的星形联结（三相四线制），如图 15-5 所示。当忽略导线阻抗时，电源的相、线电压就分别是负载的相、线电压，并且负载中点电位是电源中点电位。

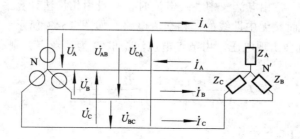

图 15-5 三相四线制电路

负载的各相线电流称为线电流，如图 15-5 中 $\dot{I}_A$、$\dot{I}_B$、$\dot{I}_C$，参考方向是从电源到负载。各相负载上的电流称为相电流，其参考方向与各相电压关联。显然星形接线时，线电流 I_L 就是相电流 I_P，即

$$I_L = I_P \tag{15-6}$$

在图 15-5 中，三个相线与一个中性线供电的三相四线制电路中，计算每相负载中电流的方法与单相电路时一样。如果用相量法计算，则

$$\begin{cases} \dot{I}_A = \dfrac{\dot{U}_A}{Z_A} \\[2mm] \dot{I}_B = \dfrac{\dot{U}_B}{Z_B} \\[2mm] \dot{I}_C = \dfrac{\dot{U}_C}{Z_C} \end{cases} \tag{15-7}$$

中线电流 $\dot{I}_B$ 的参考方向为从负载到电源时有

$$\dot{I}_N = \dot{I}_A + \dot{I}_B + \dot{I}_C \tag{15-8}$$

（1）三相对称负载

如果三相负载完全相同，即各相阻抗的模（值）相同，阻抗角（初相位）相等，这种三相负载称为三相对称负载。此时三个相电流相等，各相电压与电流间的相位差也相同，即三个相电流之间的相位互差 120°。因此，三相电流也是对称的。其相量图如图 15-6 所示。显然，此时中线电流 I_N 为零。既然中性线没有电流，它就不起作用，因此可以把中性线去掉。图 15-7 所示的三相三线制电路就是如此。

综上所述，对于三相对称电路，只要分析计算其中一相的电压、电流就行了，其他两相的电压、电流可以根据其对称性（三相对称量大小相等相位差 120°）直接写出。不必重复计算。并且星形负载对称时的线电压与相电压、线电流与相电流之间有下列一般关系式

$$\begin{cases} U_L = \sqrt{3}\,U_P \\ I_L = I_P \end{cases} \tag{15-9}$$

（2）不对称三相负载电路

在实际的三相电路中，负载是不可能完全对称的。对于星形联结，只要有中性线，负载的相电压总是对称的。此时各相负载都能正常工作，只是这时各相电流不再对称，中性线电流也不再为零。在计算各相电流及中性线电流时，一般用相量法计算最为简便。

对于负载不对称而又无中性线的三相交流电路，如图 15-7 所示。在负载不对称时，两中性点 N 和 N′之间就会出现电压。由节点电压法，取 N 为参考点，则有

$$\dot{U}_{N'}\left(\frac{1}{Z_A}+\frac{1}{Z_B}+\frac{1}{Z_C}\right)=\frac{\dot{U}_A}{Z_A}+\frac{\dot{U}_B}{Z_B}+\frac{\dot{U}_C}{Z_C} \tag{15-10}$$

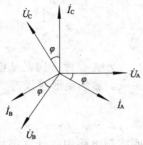
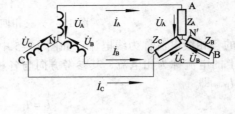

图 15-6　对称负载相量图　　　　图 15-7　三相三线制电路

解出 $\dot{U}_N$ 后，用相量法即可求出各负载电压及各支路电流。

【例 15-1】在图 15-5 所示的电路中，电源电压是对称的，线电压为 380 V，试求：

（1）各相阻抗对称，$Z=R=100\ \Omega$ 时，各相电流。

（2）若 $Z_A=R_A=50\ \Omega$，$Z_B=R_B=100\ \Omega$，$Z_C=R_C=100\ \Omega$ 时，各相电流及中线电流。

（3）若问题（2）中无中线时，各相负载电压。

解：（1）以 A 相相电压为参考相量，则

$$\dot{U}_A \frac{U_1}{\sqrt{3}}\angle 0°=\frac{380}{\sqrt{3}}\angle 0°\ \text{V}=220\angle 0°\ \text{V}$$

此时 A 相的电流

$$\dot{I}_A \frac{U_A}{Z}=\frac{220\angle 0°}{100}\ \text{A}=2.2\angle 0°\ \text{A}$$

根据对称性得

$$\dot{I}_B=\dot{I}_A\angle -120°=2.2\angle -120°\ \text{A}$$

$$\dot{I}_C=\dot{I}_A\angle 120°=2.2\angle 120°\ \text{A}$$

（2）负载不对称时

$$\dot{I}_A=\frac{\dot{U}_A}{Z_A}=\frac{220\angle 0°}{50}\ \text{A}=4.4\angle 0°\ \text{A}$$

$$\dot{I}_B=\frac{\dot{U}_B}{Z_B}=\frac{220\angle -120°}{100}\ \text{A}=2.2\angle -120°\ \text{A}$$

$$\dot{I}_C=\frac{\dot{U}_C}{Z_C}=\frac{220\angle 120°}{100}\ \text{A}=2.2\angle 120°\ \text{A}$$

中线电流为

$$\dot{I}_0 = \dot{I}_A + \dot{I}_B + \dot{I}_C = 4.4\angle 0° \text{ A} + 2.2\angle{-120°} \text{ A} + 2.2\angle 120° \text{ A} = 2.2\angle 0° \text{ A}$$

（3）由式（15–10）得

$$\dot{U}_{N'} = \frac{\dfrac{\dot{U}_A}{Z_A} + \dfrac{\dot{U}_B}{Z_B} + \dfrac{\dot{U}_C}{Z_C}}{\dfrac{1}{Z_A} + \dfrac{1}{Z_B} + \dfrac{1}{Z_C}} = \frac{\dfrac{220\angle 0°}{50} + \dfrac{220\angle{-120°}}{100} + \dfrac{220\angle 120°}{100}}{\dfrac{1}{50} + \dfrac{1}{100} + \dfrac{1}{100}} \text{ V}$$

$$= 55\angle 0° \text{ V}$$

则各相负载电压分别为

$$\dot{U}'_A = \dot{U}_A - \dot{U}_{N'} = 220\angle 0° - 55\angle 0° = 165\angle 0° \text{ V}$$

$$\dot{U}'_B = \dot{U}_B - \dot{U}_{N'} = 220\angle{-120°} - 55\angle 0° = 252\angle{-139.1°} \text{ V}$$

$$\dot{U}'_C = \dot{U}_C - \dot{U}'_{N'} = 220\angle 120° - 55\angle 0° = 252\angle 139.1° \text{ V}$$

由例 15–1 可见，在负载不对称的三相三线制电路中，电源与负载的中点电位不再相等，而且三相中有的相电压高，有的相电压低，这将影响负载的正常工作，甚至烧坏负载。因此，负载星形联结的三相三线制电路，一般只适用于三相对称负载。在三相四线制供电的不对称电路中，为了保证负载的相电压对称，中性线不允许接入开关和熔断器，以免断开造成负载电压不对称。

2. 负载的三角形联结

将三相负载的两端依次相接，并从三个连接点分别引线接至电源的三根相线上，这样就构成了三角形联结的负载，如图 15–8 所示。负载的相电压就是线电压，且与相应的电源电压相等，即

$$U_L = U_P \qquad （15–11）$$

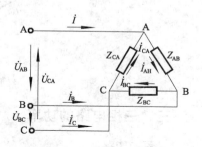

图 15–8　负载的三角形联结

通常电源的线电压总是对称的，所以三角形联结时，不论负载对称与否，其电压总是对称的。如果按惯例规定各电压、电流的参考方向，如图 15–8 所示。则各相电流分别为

$$\begin{cases} \dot{I}_{AB} = \dfrac{\dot{U}_{AB}}{Z_{AB}} \\[2mm] \dot{I}_{BC} = \dfrac{\dot{U}_{BC}}{Z_{BC}} \\[2mm] \dot{I}_{CA} = \dfrac{\dot{U}_{CA}}{Z_{CA}} \end{cases} \qquad （15–12）$$

根据基尔霍夫电流定律，可得各线电流为

$$\begin{cases} \dot{I}_A = \dot{I}_{AB} - \dot{I}_{BC} \\ \dot{I}_B = \dot{I}_{BC} - \dot{I}_{AB} \\ \dot{I}_C = \dot{I}_{CA} - \dot{I}_{BC} \end{cases} \tag{15-13}$$

当负载对称时，由于电源电压是对称的，所以相电压是对称的。此时各电压、电流的相量图如图 15-9 所示。根据电流相量的几何关系，线电流也是对称的，且对称三角形负载的线电流落后于相应相电流 30°，而线电流的有效值 I_L 是相电流有效值 I_P 的 $\sqrt{3}$ 倍，即

$$I_L = \sqrt{3} I_P \tag{15-14}$$

当三角形负载不对称时，各相电流将不对称。而各线电流也将不对称，其各相电流与各线电流就不再是 $\sqrt{3}$ 倍的关系，要分别根据式（15-12）和式（15-13）来计算。

实际上，负载如何连接，要根据电源电压和负载额定电压的情况而定，保证负载所加的电源电压等于它的额定电压。

三相电路中所说的电压、电流，在不作说明时均指其线电压、线电流有效值。

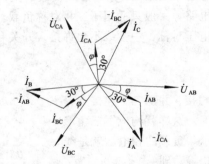

图 15-9　三角形对称负载相量图

三、三相电路的功率

1. 有功功率

三相负载的总有功功率 P，等于各相负载有功功率 P_A、P_B、P_C 之和，即

$$P = P_A + P_B + P_C \tag{15-15}$$

在三相对称电路中，由于各相相电压和各相相电流的有效值都相等，各相阻抗角也相等，因此，三相总功率等于其一相功率的三倍，即

$$P = 3 U_P I_P \cos\varphi \tag{15-16}$$

考虑到对称星形联结时，$U_L = \sqrt{3} U_P$，$I_L = I_P$；对称三角形联结时，$U_L = U_P$，$I_L = \sqrt{3} I_P$。则不论是星形联结还是三角形联结，都有 $3 U_P I_P = \sqrt{3} U_L I_L$ 成立，所以总功率还可以写成

$$P = \sqrt{3} U_L I_L \cos\varphi \tag{15-17}$$

式中：φ 仍是相电压与相电流之间的相位差。

2. 无功功率

三相负载的无功功率 Q 也等于各相无功功率的代数和

$$Q = Q_A + Q_B + Q_C \tag{15-18}$$

对称负载时同样可得

$$Q = 3U_P I_P \sin\varphi = \sqrt{3} U_L I_L \sin\varphi \qquad (15-19)$$

3. 视在功率

三相负载的视在功率为

$$S = \sqrt{P^2 + Q^2}$$

在对称情况下

$$S = 3U_P I_P = \sqrt{3} U_L I_L \qquad (15-20)$$

【例 15-2】有一三相电动机，每相的等效电阻 $R = 29\ \Omega$，等效感抗 $X_L = 21.8\ \Omega$，试求在下列两种情况下电动机的相电流、线电流以及从电源输入的功率，并比较所得结果。（1）绕组联成星形接于 $U_L = 380\ V$ 的三相电源上；（2）绕组连成三角形接于 $U_L = 220\ V$ 的三相电源上。

解：（1）
$$I_P = \frac{U_P}{|Z|} = \frac{220}{\sqrt{29^2 + 21.8^2}}\ A \approx 6.1\ A$$

$$I_L = I_P = 6.1\ A$$

$$P = \sqrt{3} U_L I_L \cos\varphi = \sqrt{3} \times 380 \times 6.1 \times \frac{29}{\sqrt{29^2 + 21.8^2}}\ kW \approx 3.2\ kW$$

（2）
$$I_P = \frac{U_P}{|Z|} = \frac{220}{\sqrt{29^2 + 21.8^2}}\ A \approx 6.1\ A$$

$$I_L = \sqrt{3} I_P = 6.1 \times \sqrt{3}\ A \approx 10.5\ A$$

$$P = \sqrt{3} U_L I_L \cos\varphi = \sqrt{3} \times 220 \times 10.5 \times \frac{29}{\sqrt{29^2 + 21.8^2}}\ kW \approx 3.2\ kW$$

比较（1）、（2）的结果可知：

有的三相电动机有两种额定电压，譬如 220 V／380 V。这表示当电源电压（指线电压）为 220 V 时，电动机的绕组应连成三角形；当电源电压为 380 V 时，电动机应连成星形。在两种连接法中，相电压、相电流及功率都未改变，仅线电流在（2）的情况下增大为在（1）的情况下的 $\sqrt{3}$ 倍。

 任务实施

一、相关器材

① 三相电路实训板（灯箱），1 块；

② 交流电流表（0 ~ 2.5 A），1 只；

③ 交流电压表（0 ~ 500 V 或万用表），1 只；

④ 电容箱，1 只；

⑤ 电流插座，3 套。

二、相关知识

当电源电压对称、负载也对称时，采用三相四线制或三相三线制（有无中性线）均可，线电压 U_L 和相电压 U_P、线电流 I_L 和相电流 I_P 之间有如下关系

$$U_L = \sqrt{3}\ U_P \quad,\quad I_L = I_P,\quad I_A + I_B + I_C = I_N = 0$$

当电源电压对称、负载不对称时，若采用三相四线制，仍有 $U_L = \sqrt{3}\,U_P$，$I_L = I_P$，但 $I_A + I_B + I_C = I_N \neq 0$，三相电流不对称。若采用三相三线制，则负载上的 $U_L \neq \sqrt{3}\,U_P$，这时会出现中性点位移现象。各相电压的大小不相等，有的相电压过高将使负载过载，有的相电压过低可使负载无法正常工作。因此三相不对称负载作星形联结时，必须牢固连接中线。

三相电路实训板如图 15-10 所示。

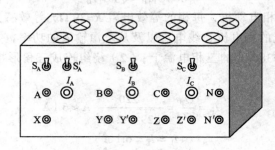

图 15-10　三相电路灯箱

灯泡共分四组，每组为两个灯泡串联。A 相负载为两组灯泡，分别由 S_A 和 S'_A 控制通断；B、C 相负载各一组灯泡，分别由 S_B 和 S_C 控制通断。A、B、C 为相首，X、Y、Z 为相尾，N 为电源中点，N′ 为负载中点。I_A、I_B、I_C 为线电流的电流插孔。

三、操作步骤

1. 三相负载的星形（Y）联结

① 按图 15-11 接线，通电前使用万用表检测各相电阻，无误后，合上电源开关进行实训。合 S_A、S_B、S_C，测量对称负载、有中性线和无中性线时的线电压、线电流、相电压、相电流及两中性点间电压（无中性线时）、中性线电流（有中性线时）的值，记入表 15-1 中。

② 合 S'_A（A 相多一组灯），测量不对称负载在有中性线和无中性线两种情况下的各电压及电流值，记入表 15-1 中。

③ 将 A 相负载全部断开（A 相开路），测量不对称负载在有中性线和无中性线两种情况下的各电压及电流值，记入表 15-1 中，并观察在有中性线和无中性线时对各灯泡亮度的影响。

2. 三相负载的三角形（△）联结

① 按图 15-12 接线，仔细检查电路无误后接通电源，分别测量负载对称和不对称两种情况下的线电压、线电流、相电流的值，记入表 15-1 中。

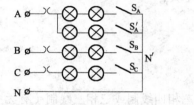

图 15-11　负载作星形联结的电路

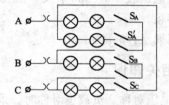

图 15-12　负载作三角形联结的电路

② 将 A 相负载全部断开，重新测量各电压、电流的值，记入表 15-1 中。

注意：本次实训中，电路换接次数较多，要十分注意正确接线，特别是从星形联结换接成三角形联结时，一定要将中性线从实训板上拆除，以免发生电源短路。在换接电路时，应先断开电源。实训时间较长后，灯泡发热较厉害，要注意防止烫伤。

表 15-1　线电压、相电压、相电流的测量数据

	测量项目	U_{AB}	U_{BC}	U_{CA}	U_A	U_B	U_C	I_A	I_B	I_C	$I_{NN'}$	I_N
	单　　位											
有中线	负载对称											
	负载不对称											
	A 相开路											
无中线	负载对称											
	负载不对称											
	A 相开路											

思考与练习

15.1　由实训结果总结中线在三相四线制电路中的作用。为什么在三相四线制的中线上不能接熔断器?这是否说在一般单相负载的中线上也不能接熔断器?

15.2　三相电源（Y）断了一相后，是否成了两相电源?

任务⑯

➡ 动态电路工作特性的认识与测量

　　自然界中物质的运动，在一定条件下具有一定的稳定性，一旦条件发生变化，这种稳定性就有可能被打破，使其从一种稳定状态过渡到另一种稳定状态。在前面几个任务的讨论中，电路中的电压或电流，都是某一稳定值或稳定的时间函数。这种状态称为电路的稳定状态，简称稳态。当电路的工作条件发生变化时，电路将从一种稳态变换到另一种稳态。对于含有电容器、电感器的电路来说，这种变换需经历一定时间才能完成，这一变换过程往往是短暂的，称为动态过程（或过渡过程）。

　　电路在动态过程中往往会出现过电压或过电流现象，可能会损坏电气设备，造成严重事故。本次任务通过分析电路的动态过程掌握其规律，以便于采取相应的防范措施；也可以利用它来实现某种技术目的。

任务目标

- 理解动态电路及动态过程的概念。
- 掌握动态电路的换路定律及初始值的计算。
- 了解一阶电路零输入响应、零状态响应的分析方法。
- 掌握一阶电路动态过程的分析方法——"三要素"法。

任务描述

　　指导教师让学生通过对 RC 充放电电路中电压、电流的测量，来归纳总结动态电路的工作特性，并能对其进行简单分析和计算。

知识链接

一、动态过程与换路定律

1. 动态过程

　　前面所讨论的各种电路的所有响应，都是其幅值达到稳定状态后的电路响应，即稳态响应。实际在含有电容器、电感器这种储能元件的电路中，当发生电路的通断、激励或参数发生突变等情况时，电路的响应并不是立刻进入稳定状态，而是需要经历一个变化过程。

　　观察与思考下列问题：

　　如图 16-1 所示，三只灯泡 H_1、H_2、H_3 为同一规格。假设开关 S 处于断开状态，并且电路中各支路电流均为零。在这种稳定状态下，灯泡 H_1、H_2、H_3 都不亮。

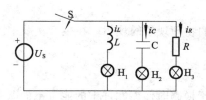

图 16-1　过渡过程的产生

当开关闭合后，我们发现：在外施直流电压 U_S 作用下，灯泡 H_1 由暗逐渐变亮，最后亮度达到稳定；灯泡 H_2 在开关闭合的瞬间突然闪亮了一下，随着时间的延迟逐渐暗下去，直到完全熄灭；灯泡 H_3 在开关闭合的瞬间立即变亮，而且亮度稳定不变。

那么，为什么灯泡 H_1 和灯泡 H_2 的亮度会出现上述变化过程呢？

在图 16-1 所示电路中，是开关 S 的闭合导致了电容、电感支路过渡过程的产生。我们把这种由于开关的接通或断开，导致电路工作状态发生变化的现象称为换路。常见的换路还包括电源电压的变化、元件参数的改变以及电路连接方式的改变等。换路是电路产生过渡过程的外部因素，而电路中含有储能元件才是过渡过程产生的内部因素。

在图 16-1 所示电路中，电阻支路由于不含储能元件，虽然发生换路，但却没有过渡过程，即灯泡 H_3 能够瞬间点亮，且亮度恒定。而电感和电容支路的情况就不同了，就如同对物体加热使其升温时，物体热能的增加需要经历一定的时间一样，电路发生换路时，电感元件和电容元件中储存的能量也不能突变，这种能量的储存和释放也需要经历一定的时间。我们知道，电容储存的电场能量 $W_C = \frac{1}{2}Cu_C^2$，电感储存的磁场能量 $W_L = \frac{1}{2}Li_L^2$。由于两者都不能突变，所以在 L 和 C 确定的情况下，电容电压 u_C 和电感电流 i_L 也不能突变。这样在图 16-1 所示的电路中，当 S 闭合以后，电感支路电流 i_L 将从零逐渐增大，最终达到稳定，因此，灯泡 H_1 的亮度也随之变化。与此同时，电容两端的电压 u_C 从零逐渐增大，直至最终稳定为 U_S，因此，灯泡 H_2 两端的电压（$u_{D2} = U_S - u_C$）从 U_S 逐渐减小至零，致使 H_2 的亮度逐渐变暗，直到最后熄灭。由此可见，含有电感或电容元件的电路存在着过渡过程。

我们把电路状态的变化称为换路。换路后电路的响应进入新的稳态前的变化过程就是动态过程，又称过渡过程。处于动态过程中的电路称为动态电路。仅含有一个储能元件，或经化简后只含有一个储能元件的动态电路称为一阶动态电路。

由上述分析可以看出，电路要发生动态过程需以下三个条件：

① 电路中要含有电容、电感元件。这两个元件又称动态元件。

② 电路要发生换路现象。即电路发生通断、激励或参数发生突变等情况。

③ 动态元件换路前的响应与换路后达到稳态时的响应不同。明确地说就是换路前电感的电流或电容的电压要与换路后电路进入稳态的电感电流或电容电压不同，否则不会发生动态过程。

电路的过渡过程虽然时间短暂（一般只有几毫秒，甚至几微秒），在实际工作中却极为重要。如在电子技术中常用它来改善波形或产生特定的波形；在计算机和脉冲电路中，更广泛地利用了电路的暂态特性；在控制设备中，则利用电路的暂态特性提高控制速度等等。当然过渡过程也有其有害的一面，由于它的存在，可能在电路换路瞬间产生过电压或过电流现象，使电气设备或元器件受损，危及人身及设备安全。因此，研究电路过渡过程的目的就是

要认识和掌握这种客观存在的物理现象的规律。在生产实践中既要充分利用它的特征，又要防止它可能产生的危害。

2．换路定律

由上面的讨论已知，由于换路时储能元件中的能量不能跃变，因而形成了电路的动态过程。储能元件中的能量不能跃变，就是说电感元件和电容元件中能量的变化是需要时间的。所以电感元件中电流 i_L 和电容元件上电压 u_C 都不能跃变。

在电路分析中将换路看做是在瞬间完成的，那么把换路瞬间取为计时起点 $t=0$，以 $t=0_-$ 就可以表示换路前的终了时刻，而 $t=0_+$ 就可以表示换路后的初始时刻。电感元件中电流 i_L 不能跃变、电容元件上电压 u_C 不能跃变这一换路定律数学表达式就可表示为

$$\left. \begin{array}{l} u_C(0_+) = u_C(0_-) \\ i_L(0_+) = i_L(0_-) \end{array} \right\} \qquad (16-1)$$

例如，某 RC 串联电路在 $t=0$ 时刻换路，换路前电容上没有初始储能，则换路后电容两端的初始电压 $u_C(0_+)=u_C(0_-)=0$；若该电路在换路前电容上有初始储能，电容两端电压 $u_C(0_-)$ 为 4V，则换路后，电容两端的初始电压 $u_C(0_+)=u_C(0_-)=4\text{V}$。

3．初始值的计算

换路定律说明了电容上的电压和电感上的电流不能突变。实际上，电路中电容上的电流和电感上的电压，以及电阻上的电压、电流都是可以突变的。电路换路以后，电路中各元件上的电流和电压将以换路后一瞬间的数值为起点而连续变化，这一数值就是电路的初始值，在一阶电路中它包括 $u_C(0_+)$、$i_C(0_+)$、$u_L(0_+)$、$i_L(0_+)$、$u_R(0_+)$、$i_R(0_+)$。

初始值是研究电路过渡过程的一个重要指标，它决定了电路过渡过程的起点。在对动态电路进行分析时，必须首先知道换路后各响应的初始时刻的数值。根据换路定律求初始值的步骤如下：

（1）计算电容电压 $u_C(0_-)$ 和电感电流 $i_L(0_-)$

在换路以前的稳态电路中，根据稳态状态下电容电流 $i_C(0_-)=0$ 和电感电压 $u_L(0_-)=0$，求得电容电压 $u_C(0_-)$ 和电感电流 $i_L(0_-)$；然后根据换路定律得到 $u_C(0_+)=u_C(0_-)$，$i_L(0_+)=i_L(0_-)$。

如果 $u_C(0_+)=u_C(0_-)=0$，则电容在换路瞬间相当于短路；如果 $i_L(0_+)=i_L(0_-)=0$，则电感在换路瞬间相当于开路。

（2）计算其他初始值

可以通过求解 $t=0_+$ 时刻的等效电路求得。所谓 $t=0_+$ 时刻的等效电路，就是在换路后的最初时刻，用电压值为 $u_C(0_+)$ 的电压源替代原电路中的电容 C，用电流为 $i_L(0_+)$ 的电流源替代原电路中的电感 L，这样得到 $t=0_+$ 时刻的电路，即画出 $t=0_+$ 的等效电路，然后根据直流电路的分析方法来计算其他初始值。

值得指出的是：在换路瞬间，通常只是电感中的电流、电容两端电压满足换路定律，不能发生跃变。而电感两端的电压，电容中的电流以及其他部分的电压、电流初始值均不受换路定律的约束，而是要根据电路的基本规律(KVL、KCL)和元件上电压、电流的基本关系，根据具体情况作具体分析。

【例 16-1】图 16-2（a）所示电路，已知：$R_0=R_1=10\,\Omega$，$U_S=2\,\text{V}$，电路已经稳定，在 $t=0$ 时开关 S 打开，求：$i_1(0_+)$，$i_2(0_+)$，$i(0_+)$ 及 $u_L(0_+)$。

解：i_2 是电感元件所在支路的电流，可以根据换路定律得到，所以首先在换路前的稳定电路中确定 $i_2(0_-)$。换路前开关是闭合的，由于电感对直流相当于短路，所以

$$i_2(0_-) = \frac{U_S}{R_0} = \frac{2}{10} \text{A} = 0.2 \text{ A}$$

则

$$i_2(0_+) = i_2(0_-) \text{ A} = 0.2 \text{ A}$$

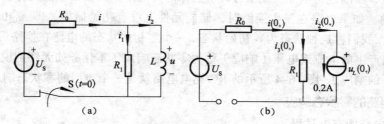

图 16-2　例 16-1 图

其他的电流、电压初始值根据 $t=0$ 时刻的电路来求解，在此时刻，由于 $i_2(0_+) = 0.2$ A，原电路中的电感可以用一个 0.2 A 的直流电流源来代替。所以 $t=0_+$ 时刻的等效电路如图 16-2（b）所示，根据电路

$$i(0_+) = 0 \text{ A}$$

$$i_1(0_+) = -i_2(0_+) = -0.2 \text{ A}$$

电感两端的电压 $u_L(0_+)$ 就是电阻 R_1 两端的电压，因此

$$u_L(0_+) = i_1(0_+)R_1 = -0.2 \times 10 \text{ V} = -2 \text{ V}$$

【**例 16-2**】图 16-3（a）电路在 $t=0$ 时换路，开关由位置"1"合到位置"2"，电路在换路前已经稳定，求换路后的初始值 $u_C(0_+)$，$i_C(0_+)$，$u_R(0_+)$。

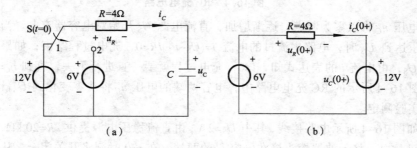

图 16-3　例 16-2 图

解：换路前开关在位置"1"，电路与 12 V 直流电压源接通，因为是在稳定的直流电路中，电容应看做开路，因此

$$u_C(0_-) = 12 \text{ V}$$

根据换路定律

$$u_C(0_+) = u_C(0_-) = 12 \text{ V}$$

$i_C(0_+)$、$u_R(0_+)$ 在 $t=0_+$ 时刻的电路中来求得。$t=0_+$ 时刻电路中开关位置已经置于位置"2"，与 12 V 电压源脱离而与 6 V 直流电压源接通，因为 $u_C(0_+) = 12$ V，所以用 12 V 直流电压源来代替原电路中的电容 C，得到 $t=0_+$ 时刻电路如图 16-3（b）所示，求解该电路可得

$$i_C(0_+) = \frac{6-12}{4} \text{ A} = -1.5 \text{ A}$$

$$u_R(0_+) = i_C(0_+)R = -1.5 \times 4 \text{ V} = -6 \text{ V}$$

二、一阶电路的零状态响应

一般来讲，激励包括电源（或信号源）这样的外加激励以及由储能元件上的初始储能提供的内部激励。如果电路在发生换路时，储能元件上没有初始储能，即 $u_C(0_+)=u_C(0_-)=0$ 或 $i_L(0_+)=i_L(0_-)=0$，我们称这种状态为零初始状态，一个零初始状态的电路在换路后只受电源（激励）的作用而产生的电流或电压（响应）称为零状态响应（本任务如无特别说明，均研究直流电源作用下的响应）。图 16-4 所示的 RC 充电电路就是一个典型的零状态响应电路。

1．RC 电路的零状态响应

（1）RC 电路的充电过程

如图 16-4 所示充电电路，电容上原来不带电，即 $u_C(0_-)=0$。在 $t=0$ 时刻闭合开关 S，下面分析电路中各物理量 u_C、u_R 及电流 i 的变化规律。由于电容上原来不带电，所以

$$u_C(0_+)=u_C(0_-)=0$$

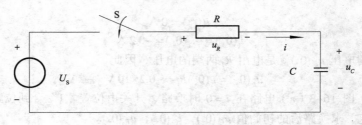

图 16-4　RC 充电电路

电容电压 u_C 将以零为起点，逐渐增加，直流电源 U_S 开始对电容器充电。当电容器两端的充电电压达到 U_S 时，电路中流过的电流 $i=(U_S-u_C)/R=0$，充电过程结束；如果电容两端电压达不到 U_S，由电流 i 的表达式知，$i\neq0$，充电过程就要一直进行下去，直到 $u_C=U_S$ 时为止。可见，在图 16-4 所示的 RC 充电电路中，电容两端的电压 u_C 将从零变化到 U_S，其变化规律可由以下实验测定。

按照如图 16-4 所示电路接线，其中 $U_S=2$ V，由直流稳压电源提供，$R=20$ kΩ，$C=0.03$ μF，电容 C 先已放电。将示波器探头接在电容 C 的两端。在 $t=0$ 时刻将开关闭合，从示波器上观察电容 C 两端的电压波形。然后调整直流稳压电源的输出电压 U_S 分别为 1V 和 3V，重复上述步骤，再次观察电容电压的波形，测量结果如图 16-5（a）所示。从曲线不难看出，电容电压 u_C 是以指数规律从零变化到 U_S 的，其变化的快慢可由下一个实验说明。

仍采用图 16-4 所示的电路，$U_S=2$ V，$R=10$ kΩ，$C=0.03$ μF（已放电）。用示波器观察电容 C 两端电压 u_C 的变化情况；然后保持 U_S 和 C 不变，R 分别变为 20 kΩ 和 30 kΩ，重复上述过程；将观察到的曲线分别记录下来，如图 16-5（b）所示。若保持 $U_S=2$ V，$R=20$ kΩ 不变，分别用 0.01 μF 和 0.05 μF 的电容替代原来电路中的 $C=0.03$ μF，重复上述过程，观察到的曲线如图 16-5（c）所示。

实验表明，RC 电路充电过程的快慢由参数 R 和 C 来控制，R、C 的值越大，充电过程越长。

RC 充电电路中物理量的初始值和稳态值如表 16-1 所示。

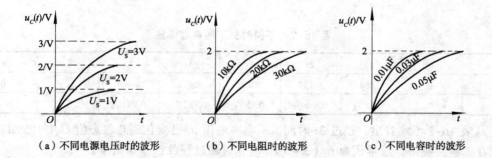

（a）不同电源电压时的波形　　　（b）不同电阻时的波形　　　（c）不同电容时的波形

图 16-5　RC 充电电路的波形曲线

表 16-1　RC 充电电路各物理量的初始值和稳态值

物 理 量	换 路 后 初 始 值	稳 态 值
i	U_S/R	0
u_R	U_S	0
u_C	0	U_S

（2）RC 充电电路的暂态分析

对图 16-4 所示的充电电路，由 KVL 有

$$u_R + u_C = U_S$$

其中

$$u_R = Ri \ , \ i = C\frac{\mathrm{d}u_C}{\mathrm{d}t}$$

所以

$$RC\frac{\mathrm{d}u_C}{\mathrm{d}t} + u_C = U_S$$

求解该微分方程，并将初始条件 $u_C(0_+)=0$ 代入，即可得到

$$u_C = U_S(1-\mathrm{e}^{-\frac{1}{RC}}) = U_S - U_S\mathrm{e}^{-\frac{1}{\tau}} \qquad (16\text{-}2)$$

这就是换路后电容两端电压 u_C 的变化规律，它是一个指数方程，与实验结果相符。在式（16-2）中，u_C 由两部分组成：其中 U_S 是电容充电完毕的电压值，即电容电压的稳态值，常称为"稳态分量"；$U_S\mathrm{e}^{-\frac{1}{RC}}$ 随时间按指数规律衰减，常称为"暂态分量"。因此，整个暂态过程是由稳态分量和暂态分量叠加而成。

在式（16-2）中，通常定义 $\tau=RC$ 为电路的时间常数，实验证明，RC 电路充电过程的快慢取决于 τ，τ 越大，充电过程越长，它是表示电路暂态过程中电压与电流变化快慢的一个物理量，只与电路元件的参数有关，而与其他数值无关。当 R 的单位取欧姆（Ω），C 的单位取法拉（F）时，τ 的单位为秒（s）。当 $t=\tau=RC$ 时，有

$$u_C=U_S（1-\mathrm{e}^{-1}）=0.632U_S=63.2\%U_S$$

上式说明，时间常数 τ 为电容电压变化到稳态值的 63.2%时所需的时间。为进一步理解时间常数的意义，现将对应于不同时刻的电容电压 u_C 的数值列于表 16-2 中。

任务 16　动态电路工作特性的认识与测量

表 16-2　不同时刻下的电容电压

t	0	τ	2τ	3τ	4τ	5τ	...	∞
$e^{-\frac{1}{\tau}}$	1	0.368	0.135	0.050	0.018	0.007	...	0
u_C	0	$0.632U_S$	$0.865U_S$	$0.95U_S$	$0.982U_S$	$0.993U_S$	...	U_S

从表 16-2 不难看出，经过 3τ 时间以后电容电压 u_C 已变化到新稳态值 U_S 的 95% 以上。因此在工程实际中，通常认为 $t=(3\sim5)\tau$ 时，过渡过程就已基本结束。

下面分析电阻电压 u_R 和电流 i 的变化情况。

$$u_R = U_S - u_C = U_S e^{-\frac{1}{RC}} = U_S e^{-\frac{1}{\tau}} \qquad (16-3)$$

$$i = \frac{u_R}{R} = \frac{U_S}{R} e^{-\frac{1}{RC}} = \frac{U_S}{R} e^{-\frac{1}{\tau}} \qquad (16-4)$$

可见，u_R 和 i 换路后分别以 U_S 和 U_S/R 为起点随时间按指数规律衰减，由于 RC 充电电路在达到稳态时，致使电路中稳态电流为零，电阻上稳态电压也为零。所以在式（16-3）和式（16-4）中，只有它们随时间衰减的暂态分量而无稳态分量。图 16-6 给出了换路后 u_C、u_R 和 i 随时间变化的曲线。

【例 16-3】电路如图 16-4 所示，已知 $R=2$ kΩ，$C=50$ μF，$U_S=20$ V，电容器原来不带电。试求：（1）电路的时间常数 τ，（2）S 闭合后 i 的表达式及电路中最大充电电流 I_0，（3）电路在经过 τ 和 5τ 后电流 i 的值。

解：（1）$\tau=RC=2\times10^3\times50\times10^{-6}$ s$=100\times10^{-3}$ s$=0.1$ s

（2）因电容原来不带电，利用式（16-4）有

$$i = \frac{u_R}{R} = \frac{U_S}{R} e^{-\frac{1}{\tau}} = \frac{20}{2} e^{-\frac{t}{0.1}} \text{ mA} = 10e^{-10t} \text{ mA}$$

当 $t=0$ 时，电路中充电电流达到最大，即 $I_0=10$ mA。

（3）当 $t=\tau$ 时，$i=10e^{-10}\times0.1=10e^{-1}$ mA$=3.68$ mA。

当 $t=5\tau$ 时，$i=10e^{-10}\times0.5=10e^{-5}$ mA$=0.067$ mA。

不难看出，RC 充电电路在经历了 5τ 后，充电电流 i 已近似为零。

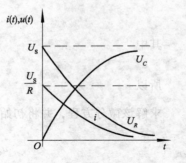

图 16-6　RC 充电电路电流和电压波形

2. RL 电路的零状态响应

（1）RL 电路的充电过程

如图 16-7 所示的电路，电感中无初始电流，在 $t=0$ 时闭合开关 S。下面分析 S 闭合后电路中电流 i 和电压 u_L、u_R 的变化规律。S 闭合瞬间，由换路定律得

$$i(0_+)=i(0_-)=0$$

$$u_R(0_+)=Ri(0_-)=0$$

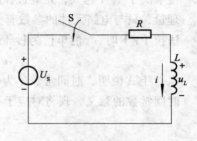

图 16-7　RL 充电电路

此时电源电压全部加在电感线圈两端，u_L 由零突变至 U_S，以后随着时间的推移，i 逐渐增大，u_R 也随之逐渐增大，与此同时 $u_L=U_S-u_R$ 逐渐减小，直至电路达到新的稳态。

电工技术及应用

—

在上述过程中，只要电感线圈两端的电压 $u_L \neq 0$，电路中的电流 i 就不为稳态值 U_S/R，过渡过程就要继续，直到 $u_L=0$ 时为止。可见当电路达到稳态时，电感相当于短路，且 $u_L=0$，$u_R=U_S$，$i=U_S/R$。

RL 充电电路中物理量的初始值和稳态值如表 16-3 所示。

表 16-3　RL 充电电路各物理量的初始值和稳态值

物 理 量	换路后初始值	稳 态 值
i	0	U_S/R
u_R	0	U_S
u_L	U_S	0

（2）RL 充电电路的暂态分析

如图 16-7 所示的电路，S 闭合后，由 KVL 得

$$u_R + u_L = U_S$$

其中　　　　$u_R = Ri$　　$u_L = L\dfrac{\mathrm{d}i}{\mathrm{d}t}$

所以　　　　　　$Ri + L\dfrac{\mathrm{d}i}{\mathrm{d}t} = U_S$

求解该微分方程，并将初始条件 $i(0_+)=0$ 代入，即可得到

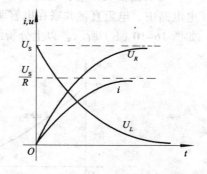

$$i + \frac{U_S}{R}(1-\mathrm{e}^{-\frac{R}{L}t})\frac{U_S}{R} - \frac{U_S}{R}\mathrm{e}^{-\frac{t}{\tau}} \qquad （16-5）$$

$$u_R = Ri = U_S - U_S\mathrm{e}^{-\frac{t}{\tau}} \qquad （16-6）$$

$$u_L = L\frac{\mathrm{d}i}{\mathrm{d}t} = U_S\mathrm{e}^{-\frac{t}{\tau}} \qquad （16-7）$$

图 16-8　RC 充电电路电流和电压波形

上式中 $\tau=L/R$ 为 RL 电路的时间常数，其意义同前。图 16-8 给出了换路时 i、u_L 和 u_R 随时间变化的曲线。

三、一阶电路的零输入响应

如果一阶动态电路在换路时具有一定的初始储能，这时电路中即使没有外加电源的存在，仅凭电容或电感储存的能量，仍能产生一定的电压和电流，我们称这种外加激励为零，仅由动态元件的初始储能引起的电流或电压称为零输入响应。

1. RC 电路的零输入响应

RC 电路的放电过程如图 16-9 所示，RC 放电电路产生的电流和电压即是典型的零输入响应。

RC 放电电路如图 16-9 所示，先将开关 S 扳向"1"，电源对电容 C 充电，使 u_C 达到 U_S，同时将示波器探头接至电阻 R 两端。在 $t=0$ 时将 S 扳至"2"，使电容放电，由换路定律可知

$$u_C(0_+)=u_C(0_-)=U_S$$

$$i(0_+)=u_C(0_+)/R=U_S/R$$

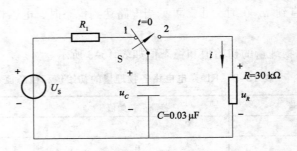

图 16-9　RC 放电电路

即 RC 串联回路的电流将以 U_S/R 为起点递减。因电路中无外加电源，当电容上储存的电荷释放殆尽时，电容两端电压为零，此时，放电过程结束，回路电流为零，电路进入一个新的稳态。

用示波器观察电容电压 u_C 从 U_S 衰减到零的过程，结果如图 16-10（a）所示；在 RC 放电电路中，电阻直接并联在电容两端，故 u_R 与 u_C 的变化规律相同。电路中电流的变化规律如图 16-10（b）所示。以上分析结果见表 16-4。

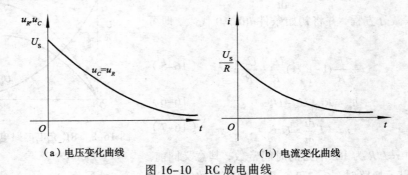

| （a）电压变化曲线 | （b）电流变化曲线 |

图 16-10　RC 放电曲线

表 16-4　RC 放电电路各物理量的初始值和稳态值

物　理　量	换路后初始值	稳　态　值
i	U_S/R	0
u_R	U_S	0
u_C	U_S	0

如图 16-9 所示电路，列回路 KVL 方程，有

$$u_C - Ri = 0$$

由于

$$i = -C\frac{\mathrm{d}u_c}{\mathrm{d}t}, \qquad u_R = Ri$$

所以

$$u_C + RC\frac{\mathrm{d}u_C}{\mathrm{d}t} = 0$$

求解方程，并将 $u_C(0_+) = U_S$ 代入，得

$$u_C = U_S\mathrm{e}^{-\frac{t}{RC}} = U_S\mathrm{e}^{-\frac{t}{\tau}} \qquad \text{（时间常数 } \tau = RC\text{）} \qquad (16\text{-}8)$$

$$i = -C\frac{\mathrm{d}u_c}{\mathrm{d}t} = \frac{U_S}{R}\mathrm{e}^{-\frac{t}{RC}} = \frac{U_S}{R}\mathrm{e}^{-\frac{t}{\tau}} \qquad (16\text{-}9)$$

$$u_R = u_C = U_s e^{-\frac{1}{\tau}} \qquad\qquad (16\text{-}10)$$

由此可见，在 RC 放电电路中，电压 u_C、u_R 和电流 i 均由各自的初始值随时间按指数规律衰减，其衰减的快慢由时间常数 τ 决定。

【例 16-4】在如图 16-11 所示的 RC 串联电路中，已知 $R=10$ kΩ，$C=3$ μF，且开关 S 未闭合前，电容已充过电，电压为 10 V，求开关闭合后 90 ms 及 150 ms 时，电容上的电压。

解： 首先标出电压的参考方向，如图 16-11 所示。

由已知条件得

$$\tau = RC = 10 \times 10^3 \times 3 \times 10^{-6} = 3 \times 10^{-2}\text{ s} = 30\text{ ms}$$

由式（16-8）知，当 $t=90$ ms 时

$$u_C = 10 e^{\frac{90}{30}} = 10 e^{-3}\text{ V} = 0.5\text{ V}$$

当 $t=150$ ms 时

$$u_C' = 10 e^{-\frac{150}{30}} = 10 e^{-5}\text{ V} = 0.067\text{ V}$$

在有些电子设备中，RC 串联电路的时间常数 τ 仅为几分之一微秒，放电过程只有几微秒；而在电力系统中，有的高压电力容器，其放电时间长达几十分钟。

2. RL 电路的零输入响应

（1）RL 电路的放电过程

如图 16-12（a）所示电路，开关 S 原来在断开位置，S_1 在闭合位置，电路已处于稳态，$i(0_-)=I_0$。

在 $t=0$ 时将开关 S 闭合，开关 S_1 断开，由换路定律知 $i(0_+)=i(0_-)=I_0$，电感电流将以 I_0 为起点逐渐衰减，当电感中储存的磁场能量全部被电阻消耗时，电路中的 u_R、u_L 及 i 都为零，电路达到新的稳态。电路中电压 u_R、u_L 和电流 i 的变化曲线如图 16-12（b）所示，电路中各物理量的初始值和稳态值如表 16-5 所示。

表 16-5 RL 放电电路各物理量的初始值和稳态值

物 理 量	换路后初始值	稳 态 值
i	I_0	0
u_R	RI_0	0
u_L	$-RI_0$	0

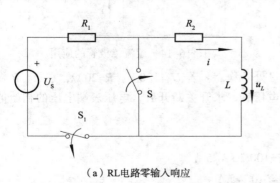

（a）RL 电路零输入响应　　　　　（b）u_R、u_L 和 i 的变化曲线

图 16-12　RL 电路的放电过程

RL 放电电路中各电流、电压的变化规律由下式确定：

$$u_R + u_L = 0$$

由于

$$u_R = Ri, \quad u_L = L\frac{\mathrm{d}i}{\mathrm{d}t}$$

所以

$$Ri + L\frac{\mathrm{d}i}{\mathrm{d}t} = 0$$

$$i = I_0 \mathrm{e}^{-\frac{R}{L}t} = I_0 \mathrm{e}^{-\frac{t}{\tau}} \qquad \text{（时间常数 } \tau = \frac{L}{R}\text{）} \qquad (16\text{-}11)$$

$$u_R = Ri = RI_0 \mathrm{e}^{-\frac{R}{L}t} = RI_0 \mathrm{e}^{-\frac{t}{\tau}} \qquad (16\text{-}12)$$

$$u_L = -u_R = -RI_0 \mathrm{e}^{-\frac{R}{L}t} = RI_0 \mathrm{e}^{-\frac{t}{\tau}} \qquad (16\text{-}13)$$

（2）RL 电路的断电保护

如图 16-13 所示电路，S 断开前电路已处于稳态，此时电感电流 $i_L(0-)=U_S/R$。$t=0$ 时突然断开开关 S，由换路定律可知，电感电流的初始值为

$$i_L(0+)=i_L(0-)= U_S/R$$

因电路已断开，所以电感电流 i_L 将在短时间内由初始值 $\dfrac{U_S}{R}$ 迅速变化到零，其电流变化率 $\dfrac{\mathrm{d}i}{\mathrm{d}t}$ 很大，将在电感线圈两端产生很大的自感电动势 ε_L，常为电感电压 u_L 的几倍。这个高电压加在电路中，将会在开关触点处产生弧光放电，使电感线圈间的绝缘击穿并损坏开关触点。

为了防止换路时电感线圈出现高电压，常在其两端并联一个二极管，如图 16-14 所示，在开关闭合时，二极管不导通，原电路仍正常工作；在开关断开时，二极管为自感电动势 ε_L 提供了放电回路，使电感电流按指数规律衰减到零，避免了高压的产生。这种二极管常称为续流二极管。继电器的线圈两端就常并联续流二极管，以保护继电器。

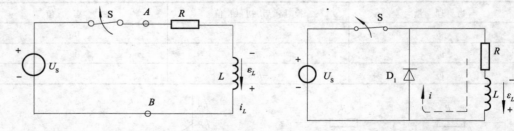

图 16-13　RL 串联电路的断开　　　　　图 16-14　续流二极管的应用

【例 16-5】如图 16-13 所示的电路，原已处于稳态。若 $U_S=100$ V，$R=20\ \Omega$，在 A、B 端接有一个内阻 $R_V=10^4\ \Omega$，量程为 200 V 的电压表，求开关断开后，电压表端电压的初始值 $U_V(0+)$。

解：$t=0-$ 时，开关尚未断开，电路已稳定，故

$$i_L(0-)=U_S/R=100/20 \text{ A}=5 \text{ A}$$

$t=0+$ 时

$$i_L(0+)=i_L(0-)=5 \text{ A}$$

此时，R、L 与电压表串联构成回路，回路中电流即为 $i_L(0+)=5$ A，于是电压表端电压

$$U_V(0+)=R_V i_L(0+)=10^4 \times 5 \text{ V}=50 \text{ kV}$$

可见，刚断开开关时，电压表上电压远远超过仪表量程，电压表将被烧坏。

四、一阶电路的全响应

前两节分析了一阶电路的零输入响应和零状态响应。当电路中既有外加激励的作用，又存在非零的初始值时所引起的响应叫全响应。下面以 RC 串联电路为例加以说明。

图 16-15（a）电路中，电容的初始电压为 U_0，在 $t=0$ 时闭合开关 S，接通直流电源 U_S，这是一个线性动态电路，可应用叠加原理将其全响应分解为如图 16-15（b）所示电路的零状态响应和如图 16-15（c）所示的零输入响应的形式。

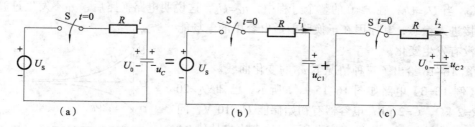

图 16-15　一阶电路的全响应

即，全响应=零状态响应+零输入响应，该结论对任意线性动态电路均适用。

根据叠加原理，电容两端电压 u_C 的全响应可表示为

$$u_C = u_{C1} + u_{C2}$$

其中 u_{C1} 由式（16-2）确定，u_{C2} 由式（16-8）确定，有

$$u_{C1} = U_S(1 - e^{-\frac{t}{RC}}) = U_S - U_S e^{-\frac{t}{\tau}}$$

$$u_{C2} = U_0 e^{-\frac{t}{RC}} = U_0 e^{-\frac{t}{\tau}}$$

于是

$$u_C = u_{C1} + u_{C2} = U_S(1 - e^{-\frac{t}{RC}}) + U_0 e^{-\frac{t}{RC}} \tag{16-14}$$

式（16-14）也可以写成另一种形式为

$$u_C = U_S + (U_0 - U_S) e^{-\frac{t}{RC}} \tag{16-15}$$

于是电路的全响应又可用稳态分量与暂态分量之和来表示，在 u_C 的表达式中稳态分量为 U_S，暂态分量为 $(U_0 - U_S) e^{-\frac{1}{RC}}$。

总之，电路的全响应既可用零输入响应和零状态响应之和来表示，也可用稳态响应和暂态响应之和来表示。前一种方法中两个分量分别与输入和初始值有明显的因果关系，便于分析计算；后一种方法则能较明显地反映电路的工作状态，便于描述电路过渡过程的特点。但是应当指出：稳态响应、暂态响应与零状态响应、零输入响应的概念不同，必须加以区分。如 RC 电路中的电容电压，其各分量如下式所示：

在式（16-15）中出现了（$U_0 - U_S$）这样的系数，现根据 U_S 和 U_0 之间的关系，将电路分成三种情况讨论：

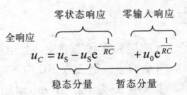

$$\text{全响应} \quad u_C = \overbrace{u_S - u_S e^{-\frac{1}{RC}}}^{\text{零状态响应}} + \overbrace{u_0 e^{-\frac{1}{RC}}}^{\text{零输入响应}}$$

$$\underbrace{}_{\text{稳态分量}} \underbrace{}_{\text{暂态分量}}$$

① 当 $U_S > U_0$，整个过程中电容一直处于充电状态，电容电压 u_C 从 U_0 按指数规律变化到 U_S。

② 当 $U_S < U_0$，电容处于放电状态，电容电压从 U_0 放电至 U_S，最终稳定下来。

③ 当 $U_S = U_0$，在 $t \geqslant 0$ 的整个过程中，$u_C = U_S$，这说明电路换路后，并不发生过渡过程，而直接进入稳态，其原因在于换路前后电容中的电场能量并没有发生变化。

图 16-16 给出了三种情况下 u_C 的变化曲线。

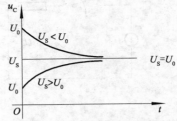

图 16-16　三种情况下的 u_C 曲线

【例 16-6】电路如图 16-15（a）所示，已知 $U_S = 20$ V，$R = 2$ kΩ，$C = 2$ μF，电容器有初始储能 $U_0 = 10$ V，问
（1）$t = 0$ 时刻 S 闭合后，电容电压 u_C 的表达式是什么？
（2）S 闭合 10ms 以后，电容电压 u_C 等于多少？

解：根据已知条件得 $U_0 = 10$ V，$\tau = RC = 2 \times 10^3 \times 2 \times 10^{-6} = 4 \times 10^{-3}$ s $= 4$ ms

于是，代入式（16-15）有

$$u_C(t) = 20 + (10 - 20) e^{-\frac{1}{4 \times 10^{-3}}} = 20 - 10 e^{-250t} \text{ V}$$

S 闭合 10ms 后，电容电压

$$u_C = 20 - 10 e^{-250 \times 10 \times 10^{-3}} = 20 - 10 \times e^{-2.5} = 19.18 \text{ V}$$

以上介绍了一阶 RC 串联电路全响应的分析方法，对于一阶 RL 串联电路，其分析方法完全相同，在此不再重复，读者可以自行讨论。

五、一阶电路响应的三要素求解法

我们已经知道，电路的全响应可以表示为稳态分量与暂态分量之和的形式，观察式（16-15）

$$u_C = U_S + (U_0 - U_S) = e^{-\frac{t}{RC}} = U_S + (U_0 - U_S) e^{-\frac{t}{\tau}}$$

不难发现，式中只要将稳态值 U_S、初始值 U_0 和时间常数 τ 确定下来，u_C 的全响应也就随之确定。如果列出 u_R、i 和 u_L 等的表达式，同样可以发现这个规律。

一阶动态电路的三要素就是初始值、稳态值和时间常数 τ。如果我们求出这三个参数，就可以直接写出一阶电路动态过程的解。通过求解三要素来求解一阶动态电路响应的方法就是一阶动态电路的三要素法。

我们用 $f(0_+)$ 表示电压或电流的初始值；$f(\infty)$ 表示电压或电流的稳态值；τ 表示电路的时间常数；$f(t)$ 表示电路中待求的电压或电流。

则用三要素表示的一阶动态电路的响应为

$$f(t) = f(\infty) + [f(0_+) - f(\infty)] e^{-\frac{t}{\tau}} \tag{16-16}$$

其中 $f(0_+)$ 按初始值的计算方法求取。$f(\infty)$ 是指换路后，经过 $t = \infty$ 的时间，储能元件储存能量或释放能量的过程已经结束，电路中的各个量值已经达到新的稳定数值后，所求解的电路响应的数值。在求解 $f(\infty)$ 时，电感元件要看做短路，电容元件要看做开路，画出等效电路，按前面学习的电路分析方法来求取。时间常数 τ 是表示动态过程进行快慢的物理量，对于 RC 电路和 RL 电路，时间常数分别为 $\tau=RC$ 和 $\tau=\dfrac{L}{R}$，其中的电阻 R 是指换路后，从储能元件两端看进去的戴维南等效电阻。

下面通过例题来说明它们的求解方法。

【例 16-7】图 16-17 电路中，已知 $R=500\ \Omega$，$C=2\ \mu F$，$U_S=250\ V$，开关合上前电容未充电，求开关合上后，电压 u_C 和电流 i。

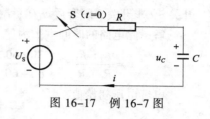

图 16-17　例 16-7 图

解：由于开关合上前电容未充电，故
$$u_C(0_-)=0\ V$$

根据换路定律　$u_C(0_+)=u_C(0_-)=0\ V$

此时的电容相当于短路，故电流的初始值

$$i(0_+)=\frac{U_S}{R}=\frac{250}{500}=0.5\ A$$

开关合上一段时间，电路达到稳定状态后，电容 C 对稳定的直流开路，则

$$u_C(\infty)=250\ V\qquad i(\infty)=0$$

电路的时间常数为

$$\tau=RC=500\times2\times10^{-6}=10^{-3}s$$

根据式（16-16）　$u_C=u_C(\infty)+[u_C(0_+)-u_C(\infty)]e^{-\frac{t}{\tau}}=250(1-e^{-1000t})\ V$

$$i=0.5e^{-1000t}\ A$$

此电路中电容上电压将由 0 开始上升，经过一段时间后稳定在 250 V。这是电容的充电过程。

在一阶电路中，当外加电源不为零，而动态元件的初始储能为零时，在电路中产生的电压、电流响应称为电路的零状态响应。

【例 16-8】图 16-18 电路中，开关未动作前，电容已充电，$u_C(0_-)=100\ V$，在 $t=0$ 时闭合开关，求电压 u_C 和电流 i。电路中 $R=400\ \Omega$，$C=0.1\ \mu F$。

解：根据已知条件，按照换路定律得
$$u_C(0_+)=u_C(0_-)=100\ V$$

此时的电容相当于一个电压源，故此时的电流为

$$i_C(0_+)=\frac{100}{400}=0.25\ A$$

图 16-18　例 16-8 图

当电路达到稳定状态后，由电路可知

$$u_C(\infty)=0,\qquad i(\infty)=0$$

电路的时间常数

$$\tau=RC=400\times0.1\times10^{-6}=40\times10^{-6}s$$

根据式（16-16）

$$u_C=100e^{-25000t}\ V$$

$$i = 0.25e^{-25000t} \text{ A}$$

此电路中电容上电压将由 100 V 开始下降，经过一段时间后下降至 0 V。这是电容的放电过程。

在一阶电路中，当外加电源为零，而动态元件的初始储能不为零时，在电路中产生的电压、电流响应称为电路的零输入响应。

【例 16-9】图 16-19 电路，已知　U_S=180 V，R_1=30 Ω，R_2=60 Ω，电容上原有电压 U_0=60 V，C=0.1 F，t=0 时合上开关 S，求开关 S 闭合后 $u_C(t)$、$i_1(t)$。

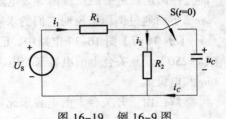

图 16-19　例 16-9 图

解：此电路的时间常数为

$$\tau = \frac{R_1 \times R_2}{R_1 + R_2} C = \frac{30 \times 60}{30 + 60} \text{ Ω} \times 0.1 \text{ F} = 2 \text{ s}$$

电容电压初始值

$$u_C(0_+) = U_0 = 60 \text{ V}$$

i_1 电流的初始值为

$$i_1(0_+) = \frac{U_S - U_0}{R_1} = \frac{180 \text{ V} - 60 \text{ V}}{30 \text{ Ω}} = 4 \text{ A}$$

电路达到稳定状态时，电容两端电压稳态值为

$$u_C(\infty) = \frac{U_S}{R_1 + R_2} \times R_2 = \frac{180 \text{ V}}{(30 + 60) \text{ Ω}} \times 60 \text{ Ω} = 120 \text{ V}$$

i_1 电流的稳态值为

$$i_1(\infty) = \frac{U_S}{R_1 + R_2} = \frac{180 \text{ V}}{(30 + 60) \text{ Ω}} = 2 \text{ A}$$

根据（16-16）式得到

$$u_C(t) = u_C(\infty) + [u_C(0_+) - u_C(\infty)]e^{-\frac{t}{\tau}}$$
$$= [120 + (60 - 120)e^{-0.5t}] \text{ V} = (120 - 60e^{-0.5t}) \text{ V}$$

$$i_1(t) = i_1(\infty) + [i_1(0_+) - i_1(\infty)]e^{-\frac{t}{\tau}}$$
$$= [2 + (4 - 2)e^{-0.5t}] \text{ A} (2 + 2e^{-0.5t}) \text{ A}$$

在一阶电路中，当电路的初始储能（状态）不为零时，再由外加激励作用所产生的电路响应称全响应。它等于零输入响应和零状态响应之和。

【例 16-10】图 16-20 所示电路，U_S=10 V，I_S=2 A，R=2 Ω，L=4 H，求开关 S 闭合后电路中的电流 i_L 和 i。

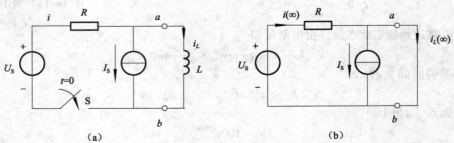

（a）　　　　　　　　　　　　　　（b）

图 16-20　例 16-10 图

解：由图 16-20（a）根据换路定律得

$$i(0_+) = i(0_-) = 0 \text{ A}$$

$$i_L(0_+) = i_L(0_-) = -I_S = -2 \text{ A}$$

图 16-20（a）电路换路后达到新的稳态时的等效电路如图 16-20（b）所示。由此图求得

$$i(\infty) = \frac{U_S}{R} = \frac{10 \text{ V}}{2 \text{ }\Omega} = 5 \text{ A}$$

$$i_L(\infty) = \frac{U_S}{R} - I_S = \frac{10 \text{ V}}{2 \text{ }\Omega} - 2 \text{ A} = 3 \text{ A}$$

$$\tau = \frac{L}{R} = \frac{4 \text{H}}{2 \text{ }\Omega} = 2 \text{ s}$$

根据式 16-16 得

$$i(t) = i(\infty) + [i(0_+) - i(\infty)]e^{-\frac{t}{\tau}}$$

$$= [5 + (0-5)e^{-0.5t}] \text{ A} = 5 - 5e^{-0.5t} \text{ A}$$

$$i_L(t) = i_L(\infty) + [i_L(0_+) - i_L(\infty)]e^{-\frac{t}{\tau}}$$

$$= [3 + (-2-3)e^{-0.5t}] \text{ A} = 3 - 5e^{-0.5t} \text{ A}$$

六、积分电路和微分电路

RC 电路的充电规律在电子技术、自动控制系统和计算机技术等领域应用十分广泛。如在电子技术中，常用 RC 串联电路组成微分电路和积分电路，以实现脉冲波形的变换。本节以矩形脉冲作用下的 RC 串联电路为例，简单介绍微分电路和积分电路的作用。

1. 微分电路

为了更形象地说明微分电路的信号变换功能，我们先来做一个实验。如图 16-21 所示的电路，将双踪示波器的一组探头接在电阻 R 两端，另一组探头接在输入端 A、B，然后打开信号源，将调整好的方波信号 u_i（幅值 3 V，频率 200 Hz）加在输入端。观察输入和输出波形变化情况。图 16-22 所示为测量结果，其中上面是输入方波，下面是输出尖脉冲。

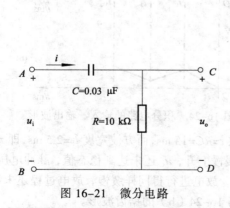

图 16-21　微分电路

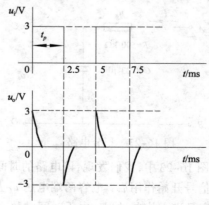

图 16-22　微分波形

何以会出现这样的结果？观察电路结构不难发现，该电路 $\tau = RC = 0.3$ ms，方波宽度 $t_P = 2.5$ ms，即 $\tau \ll t_P$。当方波脉冲刚刚作用在输入端的一瞬间，即 $t=0$ 时，由于电容电压 u_C 不能突变，故

电阻 R 上的电压瞬间升至最大值 3 V，随后电容开始充电，由于 τ 很小，充电过程很快就可完成，电容上电压迅速达到电源电压 3 V。与此同时，电阻上电压从 3 V 迅速衰减到零，在示波器上表现为一个正的尖脉冲。在 $t=2.5$ s 时刻，电容上电压不突变，$u_C=3$ V，输入脉冲 $u_i=0$，输入端相当于被短路，此时输出电压 $u_o=-u_C=-3$ V。随后电容通过电阻 R 迅速放电，电阻上电压按指数规律迅速变化到零，形成一个负的尖脉冲。在输入方波周期性的作用下，即可得到如图 16-22 所示的周期性正、负尖脉冲。

下面再来分析输入信号与输出信号之间的关系，选定电路中各电流和电压的参考方向如图 16-21 所示。由 KVL 定律和电容元件的伏安特性得

$$u_i=u_C+u_o$$

$$u_o=u_R=Ri=RC\frac{\mathrm{d}u_C}{\mathrm{d}t}$$

由于 $\tau<<t_P$，电容的充、放电进行得很快，电容两端电压 u_C 近似等于输入电压，即 $u_i\approx u_C$，于是有

$$u_o=RC\frac{\mathrm{d}u_i}{\mathrm{d}t} \tag{16-17}$$

上式表明，该电路的输出信号与输入信号的微分成正比。我们把这种从电阻端输出，且满足 $\tau<<t_P$ 的 RC 串联电路称为微分电路。在脉冲电路中，常应用它产生的尖脉冲作触发信号。

2. 积分电路

按图 16-23 连接电路，将双踪示波器的两组探头分别接在 A、B 和 C、D 两端，然后打开信号源，将调整好的方波信号 u_i（幅值 3 V，频率 200 Hz）加在输入端，观察输入和输出信号的波形，得到如图 16-24 所示的曲线，其中图 16-24（a）为输入曲线，图 16-24（b）为输出曲线。

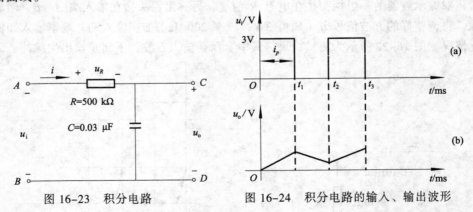

图 16-23　积分电路　　　　　图 16-24　积分电路的输入、输出波形

在图 16-23 中，我们发现，该电路的时间常数 $\tau=RC=15$ ms，而方波宽度 $t_P=2.5$ ms，即 $\tau>>t_P$；当输入信号开始作用后，电容两端电压 u_C 从零缓慢上升，u_C 还未达到稳态值，脉冲电压即消失。电容又进入放电过程，由于时间常数 τ 很大，放电进行得同样缓慢，放电过程还未结束，新的脉冲再次来临，这样周而复始，形成了如图 16-24（b）的锯齿波形。

再来看输入信号 u_i 和输出信号 u_o 之间的关系，根据 KVL 定律和电容元件的伏安特性得

$$u_i=u_R+u_o$$

$$u_C = u_o = \frac{1}{C} \int \frac{u_R}{R} \, dt$$

由于 $\tau \gg t_P$，电容的充、放电进行得很慢，输入电压 u_i 几乎全部加在电阻 R 上，因此

$$u_o = u_C = \frac{1}{RC} \int u_i \, dt \qquad\qquad (16\text{-}18)$$

即输出信号 u_o 与输入信号 u_i 的积分成正比。我们把这种从电容端输出，且满足 $\tau \gg t_P$ 的 RC 串联电路称为积分电路。在脉冲电路中，常用它产生三角波，作为电视的接收场扫描信号。

 **任务实施**

一、相关器材

① 直流稳压电源，1 台；

② 信号发生器，1 台；

③ 万用表（直流电压挡 >20 kΩ/V），1 台；

④ 秒表，1 只；

⑤ 电容器（1 000 μF，0.5 μF 电解电容器），1 只；（0.01 μF，0.5 μF，均 50 V），1 只；

⑥ 电阻器（20 kΩ，30 kΩ，100 kΩ，均 0.25 W），1 只；

⑦ 电阻箱，1 个；

⑧ 双踪示波器，1 台。

二、操作步骤

1. 测定 RC 电路充电和放电过程中电容电压的变化规律。

实验线路如图 16-25，电阻 R_1 和 R_2 均取 20 kΩ，电容 C 取 1 000 μF，直流稳压电源的输出电压取 10 V，万用表置直流电压 10 V 挡，将万用标并接在电容 C 的两端，首先用导线将电容短接放电，已保证电容的初始电压为零，然后间开关 S 由位置 2 合向位置 1，电容器开始充电，同时立即用秒表计时，读取不同时刻的电容电压 u_S，直至时间 $t = 5\tau$ 时结束，将 t 及 u_C 记入表 16-6。充电结束后，记下 u_C 的值，在将开关 S 合向位置 2，电容开始放电，同时立即用秒表重新计时，读取不同时刻的电容电压 u_C，也记入表 16-6，并记下电压表的内阻 R_V。

将图 16-25 电路中的电阻 R_1 与 R_2 均换为 30 kΩ，重复上述测量，测量结果记入表 16-7。

2. 时间常数的测定

实验线路仍同图 16-25，R_1 和 R_2 均取 30 kΩ，测量 u_C 从零上升到 63.2% U_S 所需的时间，亦即测量充电时间常数 τ_1，再测量 u_C 从 U_0 下降到 36.8% U_0 所需要的时间，亦即测量放电时间常数 τ_2，将 τ_1、τ_2 记入表 16-7 中。

表 16-6　测量数值表 1

	$U_S =$			$R_1 = R_2 =$			$C =$			$R_V =$		
T/s	0	5	10	20	25	30	40	60	90	120	150	180
u_C/V 充电												
u_C/V 放电												

表 16-7　测量数值表2

	Us=			R₁=R₂=		C=			Rᵥ=		
T/s	0	5	10	20	25	30	40	60	90	120	150	180
u_C/V 充电												
u_C/V 放电												
测定时间常数	充电 $\tau_1=$			（　）		放电 $\tau_2=$			（　）			

3. 观测 RC 电路充电时电流 i 和电容电压 u_C 的变化波形

线路如图 16-26 所示，R 由电阻箱取得，阻值为 100 kΩ，C 取 0.01 μF，电源为频率 1 000 Hz，幅度 1V 的方波电压（也可以用 SR-8 型示波器输出的校正方波电压）。用 SR-8 型示波器观看电压波形，电容电压 u_C 由示波器的 Y_A 通道输入，方波电压 u 由 Y_B 通道输入，调整示波器各旋钮，观察 u 与 u_C 的波形，并描下波形图。改变电阻箱的阻值，观察电压 u_C 波形的变化，分析其变化原因。再将图 16-26 中的 R 和 C 互换位置，取 R=100 kΩ，用示波器观察并描绘下 u_R（即 i）的波形图。

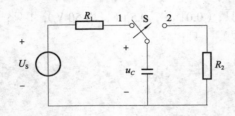

图 16-25　RC 冲放电电路

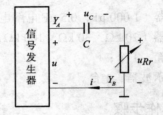

图 16-26　观察 RC 冲放电电流和电压波形的线路

4. 观测微分和积分电路输出电压的波形

按图 16-26 接线，取 R=100 kΩ，C=0.05 μF（$\tau=RC=50$ ms），电源方波 u 的频率为 1 000 Hz，幅值为 $1V(T=\dfrac{1}{1000}=1\text{ ms}\ll\tau)$，在电容两端的电压 u_C 即为积分输出电压，将方波电压 u 输入示波器的 Y_B 通道，u_C 输入 Y_A 通道，观察并描绘 u 和 u_C 的波形图（见图 16-27）。

再将图 16-26 中 R 和 C 互换位置，取 R=1 kΩ，C=0.01μF（$\tau=RC=0.01$ ms），电源方波电压 u 同上（$T=1$ ms$\gg\tau$），在电阻两端的电压 u_R 即为微分输出电压，将 u 输入 Y_B 通道，u_R 输入 Y_A 通道，观察并描绘 u 和 u_R 的波形图（见图 16-28）。

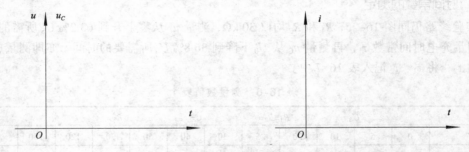

图 16-27　RC 电路充电时电流和电压波形图

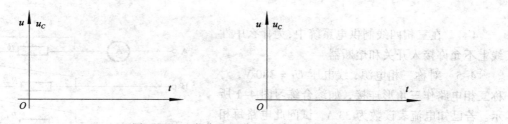

图 16-28　微分和积分电路输出电压电压波形图

5. 电解电容器质量的好坏

根据实验原理中叙述的方法，粗测本次实验所用电解电容器质量的好坏。

三、注意事项

① 用万用表测量变化中的电容电压时，不要换挡，以保证电路的电阻值不变。

② 秒表计时和电压表读数要互相配合，尽量做到同步。

③ 电解电容器有正负极性，使用时切勿接错。每次做 RC 充电前，都要用导线短接电容器的两极，以保证其初始电压为零。

思考与练习

16.1　电路产生过渡过程的条件是什么？

16.2　实际中，常用万用表 $R×1\,000\,\Omega$ 挡检测电容较大的电容器的质量。检测前，先将被测电容器短路使它放电完毕。测量时，若（1）指针摆动后，再返回万用表无穷大（∞）刻度处，说明电容器是好的；（2）指针摆动后，返回时速度较慢，说明被测电容器容量较大。试用 RC 电路充放电的原理解释上述现象。

16.3　在刚断电的情况下修理含有大电容的电气设备时，往往容易带来危险，试解释原因。

16.4　在图 16-21 微分电路中，如果输入信号不变，将电阻 R 改为 $500\,\mathrm{k\Omega}$，输出波形如何变化？

综合练习题（四）

4-1　三相四线制供电系统，频率 $f=50\,\mathrm{Hz}$，相电压 $U_P=220\,\mathrm{V}$，以 u_A 为参考正弦量，试写出线电压 u_AB、u_BC、u_CA 的三角函数表达式。

4-2　三相对称电源线电压 $U_L=380\,\mathrm{V}$，负载为星形连接的三相对称电路，每相电阻为 $R=220\,\Omega$，试求此电炉工作时的相电流 I_P，并计算此电路的功率。

4-3　有人说："三相四线制供电系统中，中性线电流等于三相负载电流之和，因此中性线的截面积应选得比相线的截面积更大些。"这种说法对吗？为什么？

4-4 在三相四线制供电系统中,为什么中性线上不允许接入开关和熔断器?

4-5 对称三相电源,线电压 $U_L = 380$ V,对称三相电路作三角形连接,如综合练习图 4-1 所示。若已知电流表读数为 33 A,试问此电路每相电阻 R 为多少?请以 U_{AB} 为参考相量画出各电压电流的相量图。

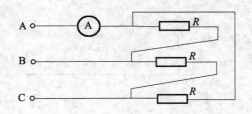

综合练习图 4-1 习题 4-5 图

4-6 一个车间由三相四线制供电,电源线电压为 380 V,车间总共有 220 V、100 W 的白炽灯 132 个,试问该如何连接?这些白炽灯全部工作时,供电线路的线电流为多少?

4-7 上题所述车间照明电路,若 A 相开灯 11 盏,B 相和 C 相各开灯 22 盏。试求各相相电流 I_A、I_B、I_C 及中线电流 I_N,并以 $\dot{U}_A$ 为参考相量作出各电压电流相量图。

4-8 星形联结的对称三相负载,每相阻抗为 $Z = 16+j12$ Ω,接于线电压 $U_L = 380$ V 的对称三相电源,试求线电流 I_L、有功功率 P、无功功率 Q 和视在功率 S。

4-9 对称三相电源,线电压 $U_L = 380$ V,对称三相感性负载作三角形连接,若测得线电流 I_L=17.3 A,三相功率 P=9.12 kW,求每相负载的电阻和感抗。

4-10 三相异步电动机的三相绕组联成三角形,接于线电压 $U_L = 380$ V 的对称三相电源上,若每相绕组的阻抗为 Z=8+j6 Ω,试求此电动机工作时的相电流 I_P、线电流 I_L 和三相功率 P。

4-11 对称三相电源,线电压 $U_L = 380$ V,接有两组电阻性对称负载,如综合练习图 4-2 所示。已知 Y 形联结组的电阻为 $R_1 = 10$ Ω,△形联结组的电阻为 R_2=38 Ω,求输电线路的电流 I_A。

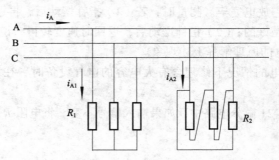

综合练习图 4-2 习题 4-11 图

4-12 如综合练习图 4-3 所示电路,已知 U_S=10 V,R_1=6 Ω,R_2=4 Ω,L=2 mH,求当开关 S 闭合后 t=0+时各电流及电感电压的数值(开关闭合前电路处于稳态)。

4-13 如综合练习图 4-4 所示电路,已知 U_S=24 V,R_1=3 Ω,R_2=9 Ω,电路稳定,在 t=0 时,打开开关 S,试求:u_C (0+)、i_L (0+)、i_C (0+)、u_L (0+)和u_{R_2}(0+)。

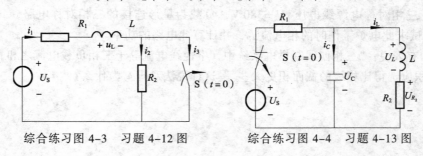

综合练习图 4-3 习题 4-12 图   综合练习图 4-4 习题 4-13 图

4-14 综合练习图 4-5 所示电路均已稳定，求图中所标电压、电流的 0_-、及 0_+ 值。

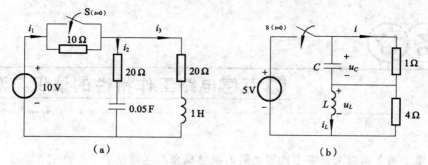

（a）　　　　　　　　　（b）

综合练习图 4-5　习题 4-14 图

4-15 综合练习图 4-6 所示电路中，$U_S=9\,V$，$R_1=0.6\,\Omega$，$R_2=3\,\Omega$，$R_3=2\,\Omega$，$L=5\,H$，开关 S 闭合前电路中没有储能。在 $t=0$ 时开关 S 闭合，求 $t\geqslant0$ 时的响应 i_1、和 i_2。

4-16 综合练习图 4-7 所示电路原处于稳态，$t=0$ 时开关断开。求 $t\geqslant0$ 时的电感电流和电感电压。

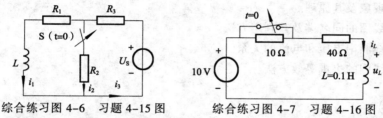

综合练习图 4-6　习题 4-15 图　　　　综合练习图 4-7　习题 4-16 图

4-17 综合练习图 4-8 所示电路原处于稳态，$t=0$ 时开关闭合，求 $t\geqslant0$ 时的电容电压。

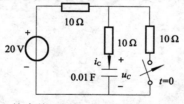

综合练习图 4-8　习题 4-17 图

任务⑰

→ 互感电路工作特性的认识与测量

互感线圈（耦合电感）是多个线圈之间的磁场耦合的电路模型。互感电路电子工程、通信工程和电气设备中都有广泛应用。本次任务重点介绍互感线圈的伏安关系、同名端、互感电路的等效分析等概念，通过实验测定同名端来理解其作用。

任务目标

- 理解互感现象及其原理。
- 掌握互感线圈的同名端及其判定方法。
- 理解互感线圈中电压和电流的关系。
- 了解互感线圈的去耦等效方法。

任务描述

指导教师让学生通过对互感耦合线圈的测量，来归纳总结互感电路的工作特性，并能对其进行简单分析和计算。

知识链接

一、互感及互感电压

1. 互感现象

线圈中由于电流的变化而产生的感应电压，称为自感电压。如果一个线圈中的交变电流产生的磁通还穿过相邻的另一个线圈，那么在另一个线圈中也会产生感应电压，这种电压称为互感电压。这种由于一个线圈的电流变化而在另一个线圈中产生互感电压的物理现象称为互感现象。

如图 17-1 所示，两个相邻放置的线圈 L_1 和 L_2，它们的匝数分别为 N_1 和 N_2。当线圈 L_1 中流入交变电流 i_1 时，它产生的交变磁通 Φ_{11} 不但与本线圈相交链产生自感磁链 ψ_{11}，而且还有部分磁通 Φ_{21} 穿过线圈 L_2，并与之交链产生磁链 ψ_{21}。这种由一个线圈中电流所产生的与另一个线圈相交链的磁链 ψ_{21}，就称为互感磁链。同样，当线圈 L_2 中流入交变电流 i_2，它产生的交变磁通

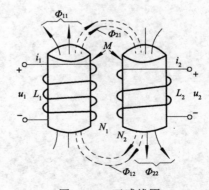

图 17-1　互感线圈

Φ_{22}不但与本线圈相交链产生自感磁链ψ_{22}，而且还有部分磁通Φ_{12}穿过线圈L_1，并与之交链产生互感磁链ψ_{12}。以上的自感磁链与自感磁通、互感磁链与互感磁通之间有如下关系：

$$\psi_{11} = N_1\Phi_{11} \text{ 或 } \psi_{22} = N_2\Phi_{22}$$
$$\psi_{12} = N_1\Phi_{12} \text{ 或 } \psi_{21} = N_2\Phi_{21}$$

2. 互感电压

根据电磁感应定律，因互感磁链的变化而产生的互感电压应为

$$u_{12} = \left|\frac{\mathrm{d}\psi_{12}}{\mathrm{d}t}\right| \text{ 或 } u_{21} = \left|\frac{\mathrm{d}\psi_{21}}{\mathrm{d}t}\right|$$

即两线圈中互感电压的大小分别与互感磁链的变化率成正比。

彼此间具有互感应的线圈称为耦合线圈。耦合线圈中，互感磁链与产生它的电流之比，称为耦合线圈的互感系数，用M表示，则有

$$M_{21} = \frac{\psi_{21}}{i_1} \qquad \text{（线圈 1 对线圈 2 的互感系数）}$$

$$M_{12} = \frac{\psi_{12}}{i_2} \qquad \text{（线圈 2 对线圈 1 的互感系数）}$$

可以证明$M_{12}=M_{21}$，用M来表示互感系数，单位与电感相同，为亨利（H）。互感系数的大小反映一个线圈的电流在另一个线圈中产生磁链的能力，它与两线圈的几何形状、匝数以及它们之间的相对位置有关。

一般情况下，两个耦合线圈中的电流产生的磁通只有一部分与另一线圈交链，而另一部分不与另一线圈相交链的磁通称为漏磁通，简称漏磁。线圈间的相对位置直接影响漏磁通的大小，即影响互感系数M的大小。

通常用耦合系数k来反映线圈的耦合程度，并定义

$$k = \frac{M}{\sqrt{L_1 L_2}} \qquad\qquad (17-1)$$

它反映了两线圈耦合松紧的程度。可以证明，$0 \leq k \leq 1$。$k=0$时，说明两线圈没有耦合；$k=1$时，说明两线圈耦合最紧，称为全耦合。

【例 17-1】 两互感耦合线圈，已知$L_1=16$ mH，$L_2=4$ mH。（1）若$K=0.5$，求互感系数M；（2）若$M=6$mH，求耦合系数K；（3）若两线圈为全耦合，求互感系数M。

解： 由式（17-1）有

（1）$M = K\sqrt{L_1 L_2} = 0.5 \times \sqrt{16 \times 10^{-3} \times 4 \times 10^{-3}}$ mH $= 4$ mH

（2）$K = \dfrac{M}{\sqrt{L_1 L_2}} = \dfrac{6 \times 10^{-3}}{\sqrt{16 \times 10^{-3} \times 4 \times 10^{-3}}} = 0.75$

（3）两线圈全耦合时，$K=1$

$$M = K\sqrt{L_1 L_2} = 1 \times \sqrt{16 \times 10^{-3} \times 4 \times 10^{-3}} \text{ mH} = 8 \text{ mH}$$

二、互感线圈的同名端

1. 同名端的定义

在如图 17-2 所示的互感元件中，当互感现象发生时，两组线圈上分别会有电压产生。

因此，在每组端钮中必然要有一个瞬时极性为正的端钮和一个瞬时极性为负的端钮。我们规定：在这四个接线端钮中，瞬时极性始终相同的端钮称为同极性端，又称同名端。四个端钮中必有两组同名端。

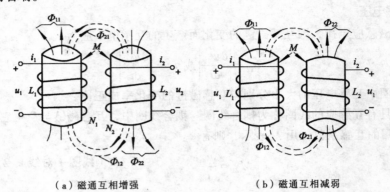

（a）磁通互相增强　　　　　　　　（b）磁通互相减弱

图 17-2　互感示意图

2. 互感同名端的判别

当电流分别从两线圈各自的某端同时流入（或流出）时，若两者产生的磁通相互增强，这两端称为两互感线圈的同名端，用标志"·"或"*"表示。图 17-2（a）所示为磁通相互增强的情况，图 7-12（b）所示为磁通相互减弱的情况。

由图示 17-3 电路可见，a 端与 c 端有相同的标记是同名端，b 端与 d 端均无标记也为同名端。而 a 端（或 c 端）与 d 端（或 b 端）为异名端。

图 17-4 所示电路是用来测试互感线圈同名端的一种实验线路。

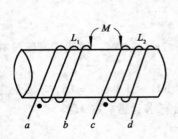

图 17-3　互感同名端判别

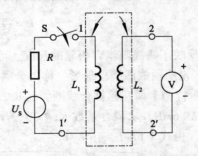

图 17-4　测试互感线圈同名端成路图

将开关迅速闭合，将有一个随时间增长的电流 i_1 流入端钮 1，此时若电压表指针正向偏转，说明端钮 2 为实际高电位端，由此可以判定端钮 1 和端钮 2 是同名端；若电压表指针反向偏转，说明端钮 2′ 为实际高电位端，这种情况就判定端钮 1 与端钮 2′ 是同名端。

【例 17-2】 判断图 17-5 所示线圈的同名端。

解： 设电流 i_1、i_2、i_3 分别流入端钮 1、3、5，则各电流产生的磁通如图 17-6 所示。由图可知，i_1 和 i_2 产生的磁通相互增强，i_1、i_2 和 i_3 产生的磁通相互减弱。则同名端为 1、3 和 6，如图 17-6 所示。

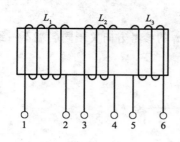

图 17-5 例 17-2 图

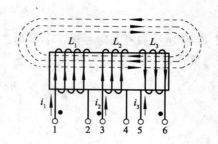

图 17-6 例 17-2 解图

【例 17-3】如图 17-7 所示，某互感线圈被密封在一个黑盒子里，两线圈的端子引出到盒子外。ab 端通过开关 S 接直流电源 U_S，cd 端接直流电流表。当开关 S 闭合，电流表正向偏转，则同名端为？

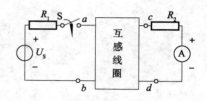

图 17-7 例 17-3 图

解：开关闭合后，电流流入端子 a。开关闭合瞬间，电流由 0 增加。此时初级线圈两端电压实际方向为从 a 指向 b。同时由于电流表正向偏转，说明一次线圈两端的实际电压方向为从 c 指向 d，则可确定 ac 为同名端。

3. 互感线圈的伏安关系

（1）自感电压和互感电压

图 17-8 所示电路中，电流 i_1、i_2 分别流入两线圈的同名端，则两电流产生的磁通相互增强。磁通相互增强将使两线圈内的磁通增加，增加的磁通将使线圈电压增大。图中线圈 1 的端电压由两部分组成，即 $u_1 = u_{11} + u_{12}$。

其中 u_{11} 为自感电压，u_{12} 为互感电压。自感电压 u_{11}：由流过线圈 1 的电流 i_1 产生。当电压 u_{11} 与电流 i_1 的参考方向为关联方向时，自感电压为正。互感电压 u_{12}：由流过线圈 2 的电流 i_2 产生。根据同名端的定义，由于图示电路中两线圈磁通相互增强，故当电压 u_{12} 与电流 i_2 的参考方向如图示方向时，互感电压为正。电压 u_{12} 与电流 i_2 的这种参考方向称为关于同名端一致（若 i_2 流入有标记端，u_{12} 的方向为有标记端为正）。

i_1 与 u_2、i_2 与 u_1 的参考方向关于同名端一致，两线圈上的电压分别为

$$u_1 = L_1 \frac{\mathrm{d}i_1}{\mathrm{d}t} + M \frac{\mathrm{d}i_2}{\mathrm{d}t}$$

$$u_2 = L_2 \frac{\mathrm{d}i_2}{\mathrm{d}t} + M \frac{\mathrm{d}i_1}{\mathrm{d}t}$$

（17-2）

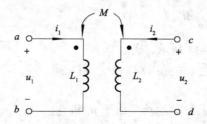

图 17-8 自感和互感示意图

由图 17-9 所示参考方向可知，i_1 与 u_2、i_2 与 u_1 的参考方向关于同名端不一致，所以其互感电压为负，即

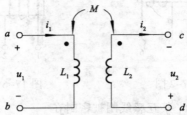

图 17-9　互感电压为负情况

$$u_1 = L_1 \frac{\mathrm{d}i_1}{\mathrm{d}t} - M \frac{\mathrm{d}i_2}{\mathrm{d}t}$$
$$u_2 = L_2 \frac{\mathrm{d}i_2}{\mathrm{d}t} - M \frac{\mathrm{d}i_1}{\mathrm{d}t}$$

（17-3）

（2）线圈端电压相量形式

若激励是频率为 ω 的正弦信号，则电路中的电压、电流可用相量来表示。

$$\begin{cases} \dot{U}_1 = \mathrm{j}\omega L_1 \dot{I}_1 \pm \mathrm{j}\omega M \dot{I}_2 \\ \dot{U}_2 = \mathrm{j}\omega L_2 \dot{I}_2 \pm \mathrm{j}\omega M \dot{I}_1 \end{cases}$$

（17-4）

【例 17-4】电路如图 17-10 所示，试求电压 u_2 的表达式。

解：u_2 为线圈 L_2 两端的电压。

由于流过线圈的电流 $i_2=0$，自感电压 $u_{22}=0$；

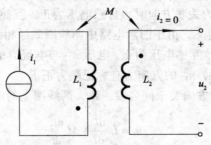

图 17-10　例 17-4 图

互感电压 $u_{21} = -M \dfrac{\mathrm{d}i_1}{\mathrm{d}t}$（由于 u_2 和 i_1 的参考方向关于同名端不一致），故

$$u_2 = -M \frac{\mathrm{d}i_1}{\mathrm{d}t}$$

【例 17-5】电路如图 17-11 所示，若
$i_1 = \sqrt{2}\sin 50t\ \mathrm{A}$，$u_2 = 150\sqrt{2}\sin(50t + 90°)\ \mathrm{V}$，则互感系数 $M=?$

解：$\because \dot{U}_2 = \dot{U}_{22} + \dot{U}_{21} = \mathrm{j}\omega L_2 \dot{I}_2 + \mathrm{j}\omega M \dot{I}_1$（由于 u_2 和 i_2 为关联参考方向，且 u_{21} 和 i_1 的参考方向关于同名端一致）。

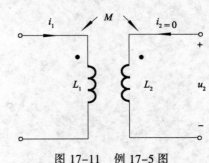

图 17-11　例 17-5 图

$$\therefore 150\angle90° = 1\angle90° \times 50 \times M \times 1\angle0°$$

$$\Rightarrow M = 3\,\text{H}$$

（由于流过线圈的电流 $i_2=0$，$u_{22}=0$）。

三、互感线圈的去耦等效

1. 互感线圈的串联等效

两个互感线圈串联时，因同名端的位置不同而分为两种情况：第一，两线圈的异名端连接在一起，如图 17-12（a）所示，这种连接方式称为顺向串联，简称顺联；第二，两线圈的同名端连接在一起，如图 17-12（b）所示，这种连接方式称为逆向串联，简称逆联。下面分别做介绍。

（1）顺向串联的去耦等效

图 17-12（a）所示电路相串联的两个互感线圈相连的端钮是异名端，连接方式为顺向串联。

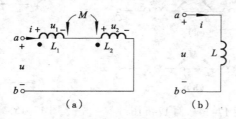

图 17-12　顺向串联的去耦等效电路

由图 17-12（a）可见，流过两线圈的电流均为 i，且 i 均是从两线圈有标记的一端流入。因此，按照图示电压、电流的参考方向，每个线圈的自感电压和互感电压均为正，即

$$u = u_1 + u_2 = L_1\frac{\mathrm{d}i}{\mathrm{d}t} + M\frac{\mathrm{d}i}{\mathrm{d}t} + L_2\frac{\mathrm{d}i}{\mathrm{d}t} + M\frac{\mathrm{d}i}{\mathrm{d}t} = (L_1 + L_2 + 2M)\frac{\mathrm{d}i}{\mathrm{d}t} = L_S\frac{\mathrm{d}i}{\mathrm{d}t}$$

结论：两个具有互感的线圈顺向串联的等效电感为

$$L_S = L_1 + L_2 + 2M \tag{17-5}$$

（2）逆向串联的去耦等效

图 17-13（a）所示电路相串联的两个互感线圈相连的端钮是同名端，连接方式为逆向串联。

由图 17-13（a）可见，流过两线圈的电流均为 i，但 i 流入线圈 1 的无标记端和线圈 2 的有标记端。因此，按照图示电压、电流的参考方向，每个线圈的自感电压均为正，而互感电压为负。即

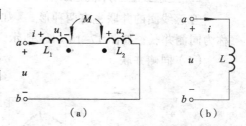

图 17-13　逆向串联的去耦等效电路

$$u = u_1 + u_2 = L_1\frac{\mathrm{d}i}{\mathrm{d}t} - M\frac{\mathrm{d}i}{\mathrm{d}t} + L_2\frac{\mathrm{d}i}{\mathrm{d}t} - M\frac{\mathrm{d}i}{\mathrm{d}t} = (L_1 + L_2 - 2M)\frac{\mathrm{d}i}{\mathrm{d}t} = L_F\frac{\mathrm{d}i}{\mathrm{d}t}$$

结论：两个具有互感的线圈逆向串联的等效电感为

$$L_F = L_1 + L_2 - 2M \tag{17-6}$$

【例 17-6】图 17-14 所示电路给出了具有互感的两个线圈的两种连接方式,测出图 17-14(a)的等效电感 L_{AC}=8 mH,图 17-14(b)的等效电感 L_{AD}=10 mH,试标出线圈的同名端,并求出 M。

解:由于顺向串联时 $L_S = L_1 + L_2 + 2M$,逆接串联时 $L_F = L_1 + L_2 - 2M$。

图 17-14(a)情况为逆向串联,即 A 和 C 为同名端,即

$$L_{AC} = L_1 + L_2 - 2M = 8 \text{ mH}$$
$$L_{AD} = L_1 + L_2 + 2M = 10 \text{ mH}$$
$$L_{AD} - L_{AC} = 4M = 2 \text{ mH}$$
$$\Rightarrow M = 0.5 \text{ mH}$$

【例 17-7】图 17-15 所示电路,已知 $u_{AB} = \sqrt{2}\sin(100t)$ V,L_1=1 mH,L_2=2 mH,M=1 mH,则 i=?

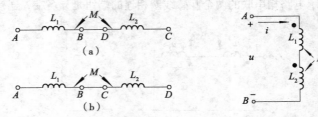

图 17-14 例 17-6 图   图 17-15 例 17-7 图

解:两电感线圈为顺接串联,则等效电感为

$$L = L_1 + L_2 + 2M = 1 + 2 + 2 \times 1 = 5 \text{ mH}$$

则由电感元件的伏安特性可知

$$\dot{I} = \frac{\dot{U}}{j\omega L} = \frac{1\angle 0°}{j100 \times 5 \times 10^{-3}} = 2\angle -90° \text{ A}$$

$$\therefore \qquad i = 2\sqrt{2}\sin(100t - 90°) \text{ A}$$

2. 互感线圈的并联等效

互感线圈的并联也有两种形式:如图 17-16(a)所示,如果两线圈的同名端连接在一起,称为同侧并联;如图 17-16(b)所示,如果两线圈的异名端连接在一起,称为异侧并联。

(1)同侧并联

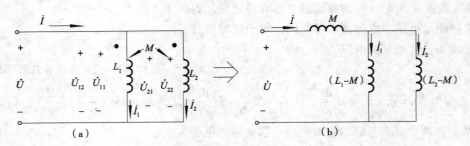

图 17-16 同侧并联的去耦等效电路

如图 17-16(a)所示,当两线圈同侧并联时,支路电流 $\dot{i}_1$、$\dot{i}_2$ 分别从两线圈的同名端流入。这样,当电路中产生自感电压 $\dot{U}_{11}$ 和 $\dot{U}_{22}$ 以及互感电压 $\dot{U}_{12}$ 和 $\dot{U}_{21}$ 时,其方向分别如图

所示，根据 KVL 和 KCL，有

$$\dot{I} = \dot{I}_1 + \dot{I}_2 \qquad ①$$

$$\dot{U} = \dot{U}_{11} + \dot{U}_{12} = j\omega L_1 \dot{I}_1 + j\omega M \dot{I}_2 \qquad ②$$

$$\dot{U} = \dot{U}_{22} + \dot{U}_{21} = j\omega L_2 \dot{I}_2 + j\omega M \dot{I}_1 \qquad ③$$

将①分别代入②③，有

$$\dot{U} = j\omega(L_1 - M)\dot{I}_1 + j\omega M \dot{I} \qquad ④$$

$$\dot{U} = j\omega(L_2 - M)\dot{I}_2 + j\omega M \dot{I} \qquad ⑤$$

根据④和⑤，可以画出图 17-16（a）的等效电路，如图 17-16（b）所示。在该电路中各等效电感都是自感，相互之间已无互感存在，故称这种电路为去耦等效电路。利用去耦等效电路分析问题，由于不必再考虑互感的影响，因而简便易行。

（2）异侧并联

如图 17-17（a）所示，当两线圈异侧并联时，支路电流 $\dot{I}_1$、$\dot{I}_2$ 分别从两线圈的异名端流入。这样，当电路中产生自感电压 $\dot{U}_{11}$ 和 $\dot{U}_{22}$ 以及互感电压 $\dot{U}_{12}$ 和 $\dot{U}_{21}$ 时，其方向分别如图 17-17（a）所示，根据 KCL 和 KVL 定律列方程

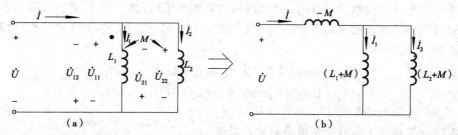

图 17-17　异侧并联的去耦等效电路

$$\dot{I} = \dot{I}_1 + \dot{I}_2$$

$$\dot{U} = \dot{U}_{11} - \dot{U}_{12} = j\omega L_1 \dot{I}_1 - j\omega M \dot{I}_2 = j\omega(L_1 + M)\dot{I}_1 - j\omega M \dot{I}$$

$$\dot{U} = \dot{U}_{22} - \dot{U}_{21} = j\omega L_2 \dot{I}_2 - j\omega M \dot{I}_1 = j\omega(L_2 + M)\dot{I}_2 - j\omega M \dot{I}$$

需要指出，在图 17-17（b）的等效电路中，等效电感（-M）是一个负值，这只是计算上的需要，并无实际意义。

3. 互感线圈的 T 形去耦等效

（1）同名端为共端的等效

图 17-18（a）所示电路中两线圈的同名端连接在同一节点上，这种情况是同名端为共端的 T 形互感线圈。

由于 $\dot{I}_1$ 和 $\dot{I}_2$ 均流入两线圈无标记的一端，且电压电流为关联参考方向，则两线圈的自感电压和互感电压均为正。按图 17-18（a）所示电路电压、电流的参考方向，可得

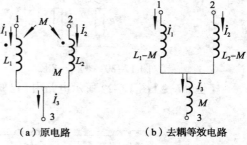

（a）原电路　　　（b）去耦等效电路

图 17-18　同名端为共端的两互感线圈

$$\dot{U}_{13} = j\omega L_1 \dot{I}_1 + j\omega M \dot{I}_2 = j\omega(L_1 - M)\dot{I}_1 + j\omega M \dot{I}_3$$

$$\dot{U}_{23} = j\omega L_2 \dot{I}_2 + j\omega M \dot{I}_1 = j\omega(L_2 - M)\dot{I}_2 + j\omega M \dot{I}_3$$

则其去耦等效电路如图 17-18（b）所示。

（2）异名端为共端的等效

图 17-19（a）所示电路中两线圈的异名端连接在同一节点上，这种情况是异名端为共端的 T 形互感线圈。

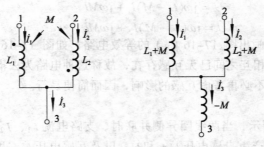

（a）原电路　　　　　　（b）去耦等效电路

图 17-19　异名端为共端的两互感线圈

由于电压电流为关联参考方向，则两线圈的自感电压均为正。又 $\dot{I}_1$ 流入线圈 1 有标记的一端，同时 $\dot{I}_2$ 流入线圈 2 无标记的一端，故互感电压为负。按图 17-19（a）所示电路电压、电流的参考方向，可得

$$\dot{U}_{13} = j\omega L_1 \dot{I}_1 - j\omega M \dot{I}_2 = j\omega(L_1 + M)\dot{I}_1 - j\omega M \dot{I}_3$$
$$\dot{U}_{23} = j\omega L_2 \dot{I}_2 - j\omega M \dot{I}_1 = j\omega(L_2 + M)\dot{I}_2 - j\omega M \dot{I}_3$$

则可得其等效电路如图 17-19（b）所示。

【例 17-8】 求图 17-20 所示电路的输入阻抗。

解： 图 17-20 所示电路中同名端为共端，则其等效电路为图 17-21 所示电路。

则输入阻抗为

$$Z_i = j\omega M + \frac{[R_1 + j\omega(L_1 - M)] \times [R_2 + j\omega(L_2 - M)]}{R_1 + R_2 + j\omega(L_1 + L_2 - 2M)}$$

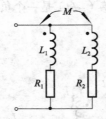

图 17-20　例 17-8 图

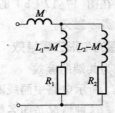

图 17-21　去耦等效电路

【例 17-9】 图 17-22 所示电路中，已知 $L_1 = L_2 = 100$ mH，$M = 50$ mH，a、b 端的等效电感 $L = $？

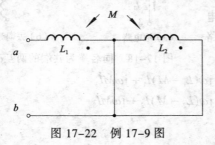

图 17-22　例 17-9 图

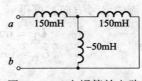

图 17-23　去耦等效电路

解：等效电路为图 17-23 所示电路（由于共端为异名端），则

$$L = 150 + \frac{-50 \times 150}{-50 + 150} = 150 - 75 = 75 \text{ mH}$$

 **任务实施**

一、相关器材

① 低频信号发生器，1 台；
② 毫伏表，1 台；
③ 万用表，1 只；
④ 直流稳压电源，1 台；
⑤ 互感耦合线圈，1 组；
⑥ 电阻箱，1 只。

二、相关知识

两个或两个以上具有互感的线圈中，感应电动势（或感应电压）极性相同的端钮定义为同名端（或同极性端）。在电路中常用"·"或"*"等符号标明互感耦合线圈的同名端。同名端可以用实验方法来确定，常用的有直流法和交流法。

（1）直流法

如图 17-24 所示，当开关 S 合上瞬间，$\dfrac{di_1}{dt} > 0$，在 1-1′ 中产生的感应电压 $u_1 = L_1 \dfrac{di_1}{dt} > 0$；此时如果电压表正偏，则说明 $u_2 = M \dfrac{di_1}{dt} > 0$，2-2′ 线圈的 2 端与 1-1′ 线圈的 1 端均为感应电压的正极性端，所以，1 与 2 为同名端。（反之，若电压表反偏，则 1 与 2′ 为同名端。）

同理，如果在开关 S 打开时，$\dfrac{di_1}{dt} < 0$，我们同样可用以上的原理来确定互感线圈内感应电压的极性，以此确定同名端。

（2）交流法

如图 17-25 所示。将两线圈的 1′ 与 2′ 串联，在 1-1′ 加交流电源。分别测量 u_1、u_2 和 u_{12} 的有效值，若 $U_{12} = U_1 - U_2$，则 1 与 2 为同名端；若 $U_{12} = U_1 + U_2$，则 1 与 2′ 为同名端。

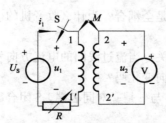

图 17-24　直流法测同名端

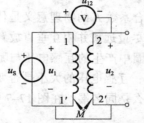

图 17-25　交流法测同名端

测量互感系数的方法较多，这里介绍两种方法。

（1）开路互感电压法

如图 17-26 所示。当线圈 1-1′ 接正弦交流电压，线圈 2-2′ 开路时，则 $U_{20}=\omega MI_1$，$M=U_{20}/(\omega I_1)$。为了减少测量误差，电压表应选用内阻较大的。线圈 1-1′ 中的电流可用毫伏表间接测量得到。

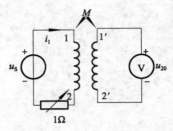

图 17-26　测量开路互感电压

（2）等效电感法

利用两个互感耦合线圈串联的方法，也可以测量它们间的互感系数。

当两线圈顺向串联时，其等效值电感：$L_S= L_1 + L_2 +2M$。

当两线圈反向串联时，其等效电感：$L_F= L_1 + L_2 -2M$。

分别测出 L_S、L_F，则：$M=(L_S - L_F)/4$。

实验中可测量出线圈的端电压 U、电流 I 和线圈的电阻 R，则线圈的自感 L 为

$$L=\frac{X_L}{\omega}=\frac{\sqrt{|Z|^2-R^2}}{\omega}=\frac{\sqrt{(\frac{U}{I})^2-R^2}}{2\pi f}。$$

三、操作步骤

① 测定两互感耦合线圈的同名端：分别用图 17-24 和图 17-25 所示的直流法和交流法测定两互感耦合线圈的同名端，注意两种方法测定的同名端是否相同。记下两线圈的同名端编号。

② 测定变压器的同名端和互感系数 M。

思考与练习

17.1　耦合系数 K 的物理意义是什么？什么是全耦合？为什么收音机的电源变压器与输出变压器往往尽量远离并相互垂直放置？

17.2　线圈中产生的互感电压与哪些因素有关？当流过线圈的电流方向发生变化，而其他条件不变时，互感电压的大小是否变化？其方向变化吗？

17.3　什么是同名端？在图 17-7 中，如果 b 与 c 是一对同名端，S 闭合瞬间电压表指针如何偏转？

17.4　无互感的两线圈串联时，若各线圈的自感分别为 L_1 与 L_2，其等效电感是多少？

17.5　利用两互感线圈串联连接测互感系数时，已知交流电源频率 f=50 Hz，顺联时等效电感 L_S=16H，逆联时等效电感 L_F=8 H，求互感系数 M。

任务⑱

➡ 单相变压器工作特性的认识与测量

工程上实际应用的一些常用电气设备，如电磁铁、变压器、电动机等都是利用磁场作为媒介实现能量的传输和转换的，在学习这些电磁元件时，不仅会遇到电路问题，而且会遇到磁路问题。为此，我们要了解磁路的基本知识，理解交流铁心线圈电路的工作特性。

(任务目标)

- 理解磁路、磁场的基本物理量以及磁化现象。
- 掌握交流铁心变压器的结构和原理。
- 了解电力变压器和特殊变压器的原理及应用。

(任务描述)

指导教师让学生通过对单相变压器中电压、电流和功率的测量，来归纳总结变压器的工作特性，并能对其进行简单分析和计算。

(知识链接)

一、磁路的基本知识

在工程实践中，广泛地应用着机电能量变换的器件和设备，如电动机、变压器及电工仪表等，它们都是利用电磁现象的规律制成的。因此，研究磁与电之间的关系，掌握磁路十分有用。

磁路问题是局限于一定路径内的磁场问题，因此磁场的各个基本物理量也适用于磁路。

1. 磁路的概念

磁路就是磁通的路径。磁路实质上是局限在一定路径内的磁场。工程上为了得到较强的磁场并有效地加以运用，常采用导磁性能良好的铁磁物质作成一定形状的铁心，以便使磁场集中分布于由铁心构成的闭合路径内，这种磁场通路才是我们要分析的磁路。很多电工设备，如变压器、电机、电器和电工仪表等，在工作时都要有磁场参与作用。常见的磁路如图 18-1 所示，磁路中的磁通由励磁线圈中的励磁电流产生，经过铁心和空气隙而闭合，也可由永久磁铁产生。

需要指出的是，在电机、变压器等电器的磁路中，常有很少的空气隙，因此，严格地讲，磁路的绝大部分由铁磁材料构成，小部分由空气或其他非磁性材料构成。空气隙虽然不大，但它对磁路的工作状况却有很大的影响。这一点在学习了磁路欧姆定律以后就能理解了。磁路中可以有空气隙，如图 18-1（b）、（c）所示；也可以没有空气隙，如图 18-1（a）所示。

2. 磁场的主要物理量

表示磁场特性的主要物理量包括磁感应强度、磁通、磁场强度和磁导率。

（1）磁场强度

磁场强度 H 是一个用来确定磁场与电流之间关系的矢量，满足安培环流定律：

$$\oint Hdl = \sum NI \qquad (18-1)$$

其中 N 为线圈匝数，l 为磁路的平均长度；在国际单位制中，磁场强度的单位是 A/m（安每米）。

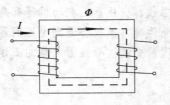

（a）单相变压器磁路

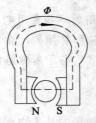

（b）磁电系仪表磁路

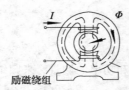

励磁绕组

（c）直流电动机磁路

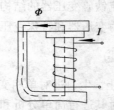

（d）直流电磁铁的磁路

图 18-1　常见电气设备的磁路

（2）磁感应强度

磁感应强度 B 是一个表示磁场内某点的磁场强弱和方向的矢量，其方向可用小磁针 N 极在磁场中某点的指向确定，磁针 N 极的指向就是磁场的方向。在磁场中某点放一个长度为 l，电流为 I 并与磁场方向垂直的导体，如果导体所受的电磁力为 F，则该点磁感应强度的量值为 $B = \dfrac{F}{Il}$。在国际单位制中，磁感应强度的单位为 T（特斯拉）。如果磁场内各点的磁感应强度大小相等、方向相同，则这样的磁场称为均匀磁场。

（3）磁通

在均匀磁场中，若垂直于磁场方向的面积为 S，则通过该面积的磁通

$$\Phi = BS \ \ 或 \ B = \frac{\Phi}{S} \qquad (18-2)$$

式中：B 为磁感应强度，又称磁通密度，在国际单位制中，磁通的单位是伏·秒（V·s），通常称为韦伯（Wb）。

（4）磁导率

处在磁场中的任何物质均会或多或少地影响磁场的强弱，影响的程度与该物质的导磁性能有关。磁导率 μ 与磁场强度的乘积就等于磁感应强度，即

$$B = \mu H \qquad (18-3)$$

磁导率 μ 的国际单位制单位为 H/m（亨每米）。

通过实验可测出，真空的磁导率

$$\mu_0 = 4\pi \times 10^{-7}\,\text{H/m}$$

任意一种物质的磁导率 μ 与真空的磁导率 μ_0 的比值，称为该物质的相对磁导率 μ_r，即

$$\mu_r = \frac{\mu}{\mu_0} \qquad\qquad (18\text{-}4)$$

非磁性材料中 $\mu \approx \mu_0$，即 $\mu_r \approx 1$，磁性材料中 $\mu >> \mu_0$，即 $\mu_r >> 1$。

3. 铁磁材料

铁磁性材料通常是指铁、钢、钴及其合金以及某些含铁的氧化物（称铁氧体或铁淦氧，是铁的氧化物和其他金属氧化物的粉末，按陶瓷工艺方法加工出来的合金）等。铁磁性材料用途广泛，是制造变压器、电机和电器的主要材料之一。

铁磁性材料的磁性能包括：

1）高导磁性

物质导磁能力的高低通常以磁导率 μ 来衡量。通常可按 μ_r 的大小，把物质分为三类：μ_r 略小于 1 的逆磁物质（如铜、银）、μ_r 略大于 1 的顺磁物质（如空气、铝）和 $\mu_r >> 1$ 的铁磁性物质。其中铁磁性物质的 μ_r 可达 $10^2 \sim 10^4$ 的数量级，具有高导磁、磁饱和以及磁滞等磁性能，因此常用铁磁性物质制作电机、变压器和电气设备的铁心。

铁磁性材料的这种高导磁性是由其内部结构决定的。如图 18-2（a）所示，在铁磁性材料内存在着一个个具有磁性的小区域，称为磁畴。每一个磁畴相当于一个小磁针，在没有外磁场作用时，这些磁畴的排列是杂乱无章的，它们的磁性互相抵消，对外不呈现磁性。如图 18-2（b）所示，当有外磁场作用时，这些磁畴将顺着外磁场的方向转动，做有规则的排列，从而产生一个很强的附加磁场，附加磁场和外磁场叠加，使铁磁性材料中的磁场大大加强。这时就说铁磁性材料被磁化了。

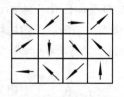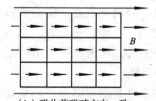

（a）磁化前磁畴方向任意　　　（b）磁化前磁畴方向一致

图 18-2　铁磁材料的磁化

铁磁性材料的磁化，是因为其内部具有磁畴，因此，不具有磁畴结构的非铁磁性材料是不能被磁化的。

2）磁饱和性

当铁磁性材料被磁化时，其磁性的强弱用磁感应强度 B 来表示。它与外加磁场的强度 H 之间有一定的关系，即外加磁场强度 H 越大，铁磁性材料的磁性越强，即 B 越大。如同将盐溶于水的过程中，盐水的浓度会达到饱和一样，铁磁性材料在被磁化的过程中，其磁感应强度 B 也不会随外加磁场的增强而无限制地增强。这是因为当外磁场强度 H 增大到一定值时，其内部所有的磁畴均已调整到与外磁场一致的方向上。因而，再增大 H，其磁性也不能继续增强，把这种状态称为磁饱和。

铁磁性材料被磁化的过程可由磁化曲线 $B=f(H)$ 表示。如图 18-3 所示的曲线①、曲线②，

在 Oa 段由于 H 较小，故 B 变化缓慢；在 ab 段，B 随 H 增长迅速，近似于线性变化，相对应的铁磁性材料的磁导率 μ 很大，特别是在 b 点附近，μ 可以达到最大值；在 b 点以后，B 基本不变，为饱和状态，但材料的磁导率 μ 却大大减小，使得材料的导磁性能大打折扣。这就是为什么在制作电机或变压器的铁心时要使其材料工作在 ab 范围内的原因。

图 18-3 所示直线③，给出了非铁磁性材料的磁化曲线，它是一条通过坐标原点的直线。

3）磁滞性

磁滞性表示铁磁性材料受到交变磁场作用而反复被磁化时，其磁感应强度 B 的变化总是滞后于磁场强度 H 变化的特性。该特性可由如图 18-4 所示的磁滞回线表示。由图可见，在 H 由零增加的过程中，磁感应强度 B 也随之增加。当 H 达到最大值时，B 也达到饱和值。在随后的变化过程中，H 逐渐减小到零，但 B 却沿着比 Oa 稍平缓的曲线 ar 下降到 r 点，r 点的 B 值不为零。我们把 H 减小到零时，铁磁性材料中保留的磁性 B_r 称为剩磁，如电工仪表中的永久磁铁，电工维修中常用的具有磁性的螺丝刀等都是依据这一原理制成的。

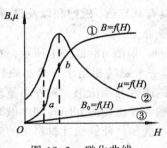

图 18-3　磁化曲线

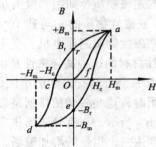

图 18-4　磁滞回线

从曲线可以看出，为消除剩磁，需将铁磁性材料反向磁化，施加强度大小为 H_C 的反向磁场，H_C 称为矫顽磁力。在反向磁化时，当 H 达到最大值时，B 随之增加到反向最大值。当交变磁场作周期性变化时，铁磁材料的 B 值会沿着闭合曲线 $arcdefa$ 变化，这条闭合曲线称为铁磁性材料的磁滞回线。

铁磁性材料的磁滞性是由于其分子热运动而产生的。在交变磁化的过程中，其磁畴在外磁场的作用下不断转向，但由于分子热运动的阻碍作用，使得磁畴的转向跟不上外加磁场的变化，从而产生磁滞现象。

4）铁磁性物质的分类和用途

根据各种铁磁材料具有不同的磁滞回线，其剩磁及矫顽力各不相同的特性，磁性材料通常可以分成三种类型，各具有不同的用途。

（1）软磁材料

软磁材料比较容易磁化，当外磁场消失后，磁性大都消失。如图 18-5（a）所示，反映在磁滞回线上是剩磁和矫顽磁力均较小，磁滞回线窄而陡，包围的面积较小，磁滞损耗小，磁导率高。软磁材料适用于交变磁场或要求剩磁特别小的场合。一般用来制造电机、变压器和各种电器的铁心，如灵敏继电器、接触器、磁放大器等。软磁材料中的铁氧体在电子技术中应用很广泛，例如做计算机的磁心、磁鼓及录音设备的磁带、磁头、高频磁路中的铁心、滤波器、脉冲变压器等。

常用的软磁材料有硅钢、纯铁、铸铁、坡莫合金（铁和其他金属元素的合金）和铁氧体等。

（2）硬磁材料

硬磁材料的特点是，必须用较强的外磁场才能使它磁化，但是一经磁后，能保留很大的剩磁。如图 18-5（b）所示，反映在磁滞回线上是具有较高的剩磁和较大的矫顽磁力，磁滞回线较宽。硬磁材料适用于制造永久磁铁及磁电式仪表和各种扬声器及小型直流电机中的永磁铁心等。

常用的硬磁材料有碳钢、钴钢、钨钢、铝镍钴合金和稀土材料等。

（3）矩磁材料

该种铁磁性物质具有较小的矫顽磁力和较大的剩磁，磁滞回线接近矩形，所以又称矩磁材料，如图 18-5（c）所示。矩磁材料稳定性良好且易于迅速翻转。矩磁材料常用来制造计算机和控制系统中的记忆元件和逻辑元件。

常用的矩磁材料主要有锰镁铁氧体和锂锰铁氧体等。

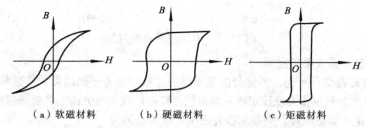

（a）软磁材料　　　　（b）硬磁材料　　　　（c）矩磁材料

图 18-5　软磁材料、硬磁材料与矩磁材料的磁滞回线

4. 磁路的基本定律

与电路相类似，在对磁路进行分析和计算时，也需要有基本定律作依据。磁路的基本定律主要有：磁路欧姆定律、磁路基尔霍夫第一定律和磁路基尔霍夫第二定律。

（1）磁路欧姆定律

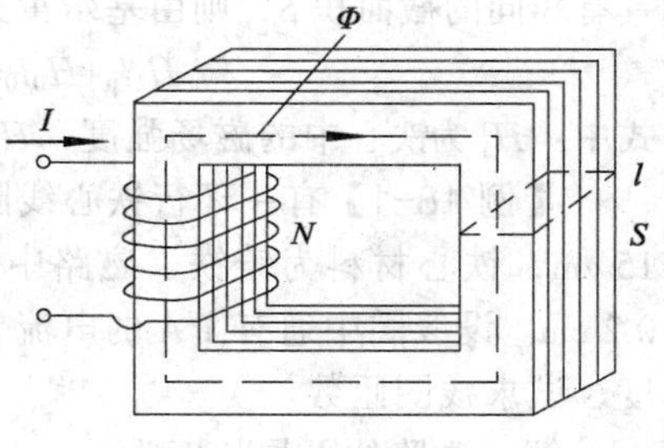

图 18-6 所示为绕有线圈的铁心，当线圈中通入电流 I 时，在铁心中就会有磁通 Φ 通过。实验可知，铁心中的磁通 Φ 与通过线圈的电流 I、线圈匝数 N 以及磁路的截面积 S 成正比，与磁路的长度 l 成反比，还与磁导率 μ 成正比，即

图 18-6　带绕组的铁心

$$\Phi = \frac{INS\mu}{l} = \frac{IN}{\dfrac{l}{\mu S}} = \frac{F}{R_{\mathrm{m}}} \qquad\qquad (18-5)$$

式中：$F=IN$ 称为磁动势，由此而产生磁通；$R_{\mathrm{m}} = \dfrac{l}{\mu S}$ 称为磁阻，是表示磁路对磁通具有阻碍作用的物理量。式 18-5 可以与电路中的欧姆定律（$I = \dfrac{U}{R}$）对应，因而称为磁路欧姆定律。

（2）磁路基尔霍夫第一定律

在图 18-7（b）所示的分支电路中，任取一个闭合面 S，则在任意瞬时，进入闭合面的磁通等于离开闭合面的磁通，或者说通过闭合面的磁通的代数和等于零，即

$$\Phi_1 = \Phi_2 + \Phi_3 \qquad\qquad (18-6)$$

或

$$\sum \Phi = 0 \qquad\qquad (18-7)$$

这就是磁路的基尔霍夫第一定律，又称磁路的基尔霍夫磁通定律。在式（18-7）中，若规定穿入闭合面的磁通为正，则穿出闭合面的磁通为负。式（18-7）可表示为

$$\Phi_1 - \Phi_2 - \Phi_3 = 0$$

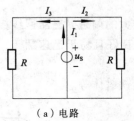 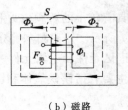

（a）电路 　　　　　（b）磁路

图 18-7　电路与磁路的对照

（3）磁路基尔霍夫第二定律

沿任意闭合磁路绕行一周，各部分的磁压降的代数和必等于磁动势的代数和。这就是基尔霍夫第二定律，也称为基尔霍夫磁压定律。如果把磁路中沿磁力线方向上的磁场强度 H 和磁路的平均长度 l 的乘积定义为磁压降，则基尔霍夫磁压定律可表示为

$$\sum Hl = \sum IN \qquad\qquad (18-8)$$

在如图 18-8 所示的具有铁心和空气隙的直流磁路中，设铁心的平均长度为 l_μ，空气隙的长度为 l_0，并且认为空气隙和铁心具有相同的截面积 S，则由基尔霍夫磁压定律有

$$H_1 l_\mu + H_0 l_0 = IN$$

式中：H_1 为铁心中的磁场强度，H_0 为空气隙中的磁场强度。

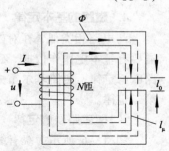

图 18-8　直流磁路

【例 18-1】有一环行铁心线圈，其内径为 10 cm，外径为 15 cm，铁心材料为铸铁。磁路中含有一空气隙，其长度等于 0.2 cm。设线圈中通有 1 A 的电流，如要得到 0.9 T 的磁感应强度，试求线圈匝数。

解：磁路的平均长度为

$$l = \left(\frac{10+15}{2}\right)\pi = 39.2 \text{ cm}$$

从图 18-9 所示磁化曲线查出，当 $B = 0.9$ T 时，$H_1 = 500$ A/m，所以铸钢的磁压降为

$$H_1 l_1 = 500 \times (39.2 - 0.2) \times 10^{-2} \text{A} = 195 \text{ A}$$

空气隙中的磁场强度为

$$H_0 = \frac{B_0}{\mu_0} = \frac{0.9}{4\pi \times 10^{-7}} \text{ A/m} = 7.2 \times 10^5 \text{A/m}$$

所以

$$H_0 l_0 = 7.2 \times 10^5 \times 0.2 \times 10^{-2} \text{ A} = 1440 \text{ A}$$

总磁动势为

$$NI = \sum (Hl) = H_1 l_1 + H_0 l_0 = (195 + 1440) \text{ A} = 1635 \text{ A}$$

线圈匝数为

$$N = \frac{NI}{I} = \frac{1635}{1} = 1635$$

可见，当磁路中含有空气隙时，由于其磁阻较大，磁动势差不多都用在空气隙上面。

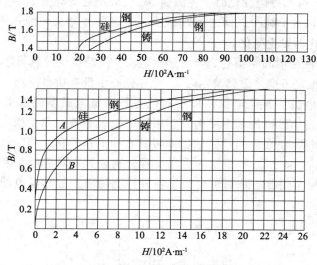

图 18-9　例 18-1 的磁化曲线

二、铁心线圈

将线圈缠绕在铁心上，就做成了铁心线圈，它是构成磁路的基本元件。根据铁心线圈取用电源的不同，分为直流铁心线圈和交流铁心线圈，相应地，由它们构成的磁路，分别称为直流磁路和交流磁路。

1. 直流铁心线圈

如图 18-10（a）所示，将直流电源接至直流铁心线圈的两端，则在线圈中会有直流电流 I 产生，设线圈的匝数为 N，相应的磁动势 $F_m=IN$，我们把在铁心中产生的主磁通记为 Φ，在空气中产生的漏磁通记为 Φ_σ。忽略漏磁通 Φ_σ，直流铁心线圈的特点可概括如下：

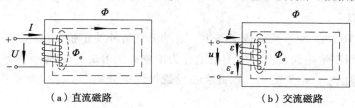

（a）直流磁路　　　　　　　　　（b）交流磁路

图 18-10　铁心线圈

① 励磁电流：
$$I = \frac{U}{R} \tag{18-9}$$
它仅由外加电压 U 及励磁绕组本身的电阻 R 决定，而与磁路的性质无关，即磁路不影响电路。

② 由式（18-9）可知，当外加电压 U 一定时，对于确定的绕组 R，产生的励磁电流 I 也一定，相应的磁动势 IN 恒定。当磁路确定（即 R_m 不变）时，由此产生的磁通 Φ 恒定不变，因此它不会在线圈中产生感应电动势。

③ 由磁路欧姆定律 $\Phi=IN/R_m$ 知，尽管在直流铁心中磁动势 IN 是个恒定值，但当磁路中含有的空气隙变化，引起磁阻变化时，主磁通 Φ 也会随之变化。如果空气隙加大，则磁阻 R_m 增大，主磁通 Φ 因此而减少；反之，R_m 减小，主磁通 Φ 增大。即直流铁心线圈中的主磁通 Φ 会因磁路的变化而发生变化。

④ 直流铁心线圈中的功率损耗完全由励磁电流 I 流经绕组发热而产生，即 $\Delta P=I^2R$。由于直流磁路中的 Φ 恒定不变（磁路确定时），故在铁心中没有功率损耗。

实际中，直流电机、直流电磁铁以及其他各种直流电磁器件都采用直流铁心线圈。图 18-11 所示为直流电磁铁的基本结构，它由励磁绕组、铁心和衔铁三部分组成。当绕组中通入直流电流 I 时，便在空间产生磁场，将铁心和衔铁磁化，使衔铁受到电磁力作用而被吸向铁心。如果这时在铁心和衔铁的适当位置分别放置一对静触头和动触头，则随着衔铁和铁心的吸合，触头闭合，从而可以引发各种控制功能。控制继电器就是利用这种原理制作的。

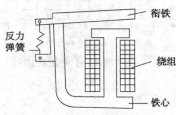

图 18-11　直流电磁铁的结构

就直流电磁铁而言，由于在衔铁被吸向铁心的过程中，整个磁路的空气隙发生了变化，即空气隙从最大逐渐减小，导致磁路中的总磁阻逐渐减小，磁通和磁感应强度逐渐增大，直至衔铁完全吸合时，二者达到最大值，此时的电磁吸力也达到最大。电磁吸力 F 可表示为

$$F=4B_0^2S\times10^5$$

式中：B_0 为空气隙的磁感应强度；S 为空气隙磁场的横截面积。

2. 交流铁心线圈

1）电磁关系

在如图 18-10（b）所示的交流磁路中，当励磁绕组外加正弦交流电压 u 以后，绕组中将流过电流 i，从而产生磁通，所产生的磁通分为沿铁心闭合的主磁通 Φ 和沿空气闭合的漏磁通 Φ_σ。由于 Φ 和 Φ_σ 都是交变的，因此会在励磁线圈中分别产生感应电动势 ε 和 ε_σ，其电磁关系可表示为

$$u \longrightarrow i\,(iN) \begin{array}{c} \nearrow \Phi \longrightarrow \varepsilon \\ \searrow \Phi_\sigma \longrightarrow \varepsilon_\sigma \end{array}$$

考虑到励磁电流 i 在绕组上产生的电压降，根据 KVL 可列出交流铁心线圈电路的电压方程式为

$$u=-\varepsilon-\varepsilon_\sigma+Ri \qquad (18-10)$$

由于 ε_σ 和 Ri 比 ε 小许多，因此式（18-10）可近似表示为

$$u\approx-\varepsilon \qquad (18-11)$$

即近似认为外加电压 u 和主磁通 Φ 产生的感应电动势 ε 相平衡，可以计算得到其有效值为

$$U\approx E=4.44N\Phi_m \qquad (18-12)$$

式（18-12）表明，在忽略绕组电阻及漏磁通的条件下，当线圈匝数 N 及电源频率 f 一定时，主磁通的幅值 Φ_m 决定于励磁线圈外加电压的有效值，而与铁心的材料及尺寸无关，也就是说：当外加电压 u 和频率 f 一定时，主磁通的最大值 Φ_m 几乎不变，与磁路的磁阻 R_m 无关。这是交流磁路的一个重要特点。式（18-12）也是分析和计算变压器、交流电机等电气设备时常用的重要公式。

2）交流电磁铁

交流电磁铁的基本结构与直流电磁铁类似，也由励磁线圈、铁心和衔铁三部分组成。交流电磁铁用交流电励磁，当衔铁未被吸上时，衔铁和铁心之间有一定的空气隙，空气隙的磁阻 R_m 较大，由于交流磁路中 Φ_m 基本不变，根据磁路欧姆定律，磁动势 IN 也必然较大，考虑到线圈匝数 N 一定，所以此时线圈中的励磁电流 I 比较大。但在衔铁受电磁力的作用被吸向铁心后，空气隙变得很小，故励磁绕组中的电流 I 就比开始时的电流要小。由此可知，一旦由于某种原因导致交流电磁铁接通电源后衔铁没有动作，就应立即切断电源，查找故障原因，否则励磁绕组就会因一直通有较大电流而过热，甚至被烧毁。

对交流电磁铁还有另外一个问题需要强调，由于交流电磁铁是用交流电励磁的，空气隙中的磁感应强度随时间而变化，所以交流电磁铁的吸力也随时间在零与最大值之间变化，导致衔铁和铁心间因发生振动而引起噪声。为了消除这种噪声，可在铁心的端面上嵌装一个铜环，称为短路环，如图 18-12 所示。它能将铁心中产生的磁通分成穿过短路环的 Φ_2 和不穿过短路环的 Φ_1 两部分。由于磁通的变化，在短路环中要产生一个感应电流，以阻碍磁通 Φ_2 的变化，能使 Φ_2 和 Φ_1 变化的步调不再一致，即不能同时达到零值，这样铁心对衔铁的吸力也就不会有为零的时刻，从而消除了衔铁振动的噪声。

3）功率损耗

图 18-13 所示为测量交流铁心线圈功率的电路，功率表测得的电源输出功率要大于线圈电阻 R 上所消耗的功率（I^2R），而且经过一段时间后，用手触及铁心，还会感到铁心发热，这表明铁心中有热能损耗。可见，交流铁心线圈中的功率损耗实际上包含了两个部分：线圈中的功率损耗和铁心中的功率损耗。由于线圈常由铜线绕制，故常称前者为铜损耗，记为 $\Delta P_{Cu}=I^2R$，而称后者为铁损耗，记为 ΔP_{Fe}。其中的铁损耗又由磁滞损耗和涡流损耗两部分组成。

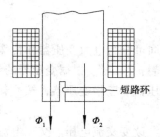

图 18-12 交流电磁铁的短路环

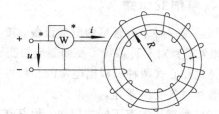

图 18-13 交流铁心线圈的功率

（1）磁滞损耗

磁滞损耗是由于铁磁性材料在交变磁化的过程中，磁畴来回翻转，需要克服彼此间的阻力而产生的发热损耗，常以 ΔP_N 表示。实践表明，在正常运行的交流电机及电器中，磁滞损耗常比涡流损耗大二至三倍。因此，对磁滞损耗应给予足够的重视。为减小磁滞损耗，变压器、电机和电器常采用磁滞回线较窄的软磁材料作铁心，如硅钢、坡莫合金等。

（2）涡流损耗

当铁心线圈接通交流电源后，由于交变电流的存在，将在线圈周围产生交变磁场。根据电磁感应定律，这一交变磁场，不仅要在线圈中产生感应电动势，而且在铁心内也会产生感应电动势，形成感应电流。这种感应电流在铁心内围绕铁心的中心呈漩涡状流动，如图 18-14（a）所示，常称为涡流。涡流在铁心中流动，如同电流流经电阻一样，也要引起功率损耗，这种功率损耗称为涡流损耗，用 ΔP_E 表示。可以证明，涡流损耗和铁心厚度的平方成正比。

若如图 18-14（b）所示那样，沿磁场方向将整块铁心分成许多薄片，薄片间彼此绝缘，就可以减小涡流损耗。因此交流电机和变压器的铁心都用硅钢片叠成。同时由于铁心中含硅，其电阻率较大，使其导电能力大大降低，也使涡流及其损耗大为减小。实际中，对高频铁心线圈，常采用铁氧体磁心，其电阻率很大，可大大降低涡流损耗。

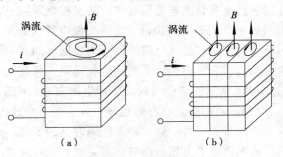

图 18-14　涡流损耗

事物都是一分为二的。涡流会造成铁损耗，危害电机和电器的运行，但也可以为人类所利用，如在铸造业中使用的冶炼炉，就是利用涡流损耗产生的热量来冶炼金属的。

需要说明的是，在直流电工设备中，因为磁通恒定，无铁损耗，其铁心是用整块铁磁性材料制成的。

综上所述，交流铁心线圈工作时的功率损耗为

$$\Delta P=\Delta P_{Cu}+\Delta P_{Fe}=I^2R+\Delta P_N+\Delta P_E \qquad (18-13)$$

三、单相变压器

变压器是一种十分常见的电气设备。按其用途的不同可分为电力变压器和特殊变压器两大类。如果是针对某种特殊需要而制造的变压器，称为特殊变压器。根据变压器的铁心结构，可分为壳式和心式两种；根据电源的相数可分为单相变压器和三相变压器，按冷却方式分油冷变压器和空气变压器等。

上述各种变压器有不同的用途。但其作用都相同——改变交流电压、交流电流、交换阻抗以及改变相位等。作用相同的原因在于变压器的结构原理基本相同。本节重点学习单相变压器。

1. 单相变压器的基本结构

单相变压器的基本构造如图 18-15 所示。它由闭合铁心和一次、二次绕组等组成。为了减少磁滞和涡流引起的能量损耗，变压器的铁心一般用 0.35 mm 或 0.5 mm 厚的硅钢片迭成，迭片间互相绝缘。

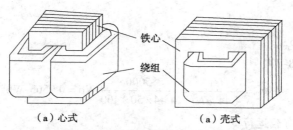

（a）心式　　　　　　（a）壳式

图 18-15　单相变压器的基本构造

工作时，连接电源的线圈称为一次绕组，匝数用 N_1 表示；连接负载的线圈称为二次绕组，匝数用 N_2 表示。

2. 变压器的工作原理

（1）变压器的空载运行

若变压器一次绕组接交流电压 u_1，而二次绕组开路（$i_2=0$），称为变压器的空载运行。这时一次绕组通过的电流为空载电流 i_0。如图 18-16 所示，图中各电量的正方向按照关联方向标定。电流 i_0 在磁路中变化，产生交变主磁通 Φ，引起一次、二次绕组中产生感应电压 e_1 和 e_2。

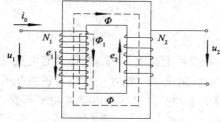

图 18-16　变压器空载运行

设主磁通 $\Phi = \Phi_{\mathrm{m}} \sin \omega t$，根据推导，$e_1$ 和 e_2 的有效值分别为

$$E_1 = \frac{E_{\mathrm{m1}}}{\sqrt{2}} = 4.44 f N_1 \Phi_{\mathrm{m}}$$

$$E_2 = 4.44 f N_2 \Phi_{\mathrm{m}}$$

如果忽略一次绕组中的阻抗不计，则

$$U_1 \approx E_1 \qquad U_2 \approx E_2$$

即

$$\left. \begin{aligned} U_1 &= 4.44 f N_1 \Phi_{\mathrm{m}} \\ U_2 &= 4.44 f N_2 \Phi_{\mathrm{m}} \end{aligned} \right\} \tag{18-14}$$

由式（18-14）可以看出，只要电源电压不变，铁心中的主要磁通最大值 Φ_{m} 也不变。

由上式可得

$$\frac{U_1}{U_2} = \frac{N_1}{N_2} = k \tag{18-15}$$

式中：$k = \dfrac{N_1}{N_2}$，称为变压器的电压比，也是一次绕组与二次绕组之间的匝数比。可见变压器有电压变换作用。

【例 18-2】变压器一次绕组的匝数为 400 匝，电源电压为 5 000 V，频率为 50 Hz，求

铁心中的最大磁通 Φ_{m}。

解：根据式（18-14）得

$$\Phi_{\mathrm{m}} = \frac{U_1}{4.44 f_1 N_1} = \frac{5000}{4.44 \times 50 \times 400} \text{ Wb} = 0.0563 \text{ Wb}$$

（2）变压器的有载运行

如果变压器的二次绕组接上负载，则在感应电动势的作用下，二次绕组将产生电流 $i_2 \neq 0$。这种情况称为变压器的有载运行，如图 18-17 所示。图中电量的正方向亦为关联方向。

由于二次绕组有电流通过，一次绕组的电流由空载电流 i_0 变为负载时的电流 i_1。但当外加电压 U_1 一定时，不论空载或有载，铁心中的主磁通 Φ_{m} 都不变，即

$$N_1 I_1 \approx N_2 I_2$$

所以

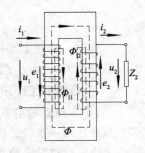

图 18-17　变压器有载运行

$$I_1 = \frac{N_2}{N_1} I_2 = \frac{1}{k} I_2 \tag{18-16}$$

即变压器有电流变换作用。

变压器不仅有变换电压和变换电流的作用，它还具有阻抗变换作用。如图 18-18（a）所示，在变压器的二次侧接上负载阻抗 Z_L，则在一次侧看进去，可用一个阻抗 Z_L' 来等效，如图 18-18（b）所示。其等效的条件是：电压、电流及功率不变。

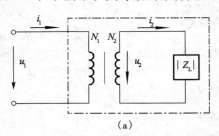

（a）

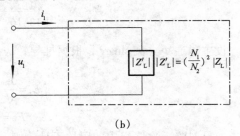

（b）

图 18-18　变压器的等效电路

$$\frac{U_1}{I_1} = \frac{(N_1/N_2)U_2}{(N_2/N_1)I_2} = (\frac{N_1}{N_2})^2 \cdot \frac{U_2}{I_1} = k^2 |Z_L|$$

$$\frac{U_1}{I_1} = |Z_L'|$$

$$|Z_L'| = k^2 |Z_L| \tag{18-17}$$

匝数不同，变换后的阻抗不同。可以采用适当的匝数比，使变换后的阻抗等于电源的内阻，称之为阻抗匹配。这时，负载上可获得最大功率。

【例 18-3】在图 18-19 中，正弦交流电源的端电压 $U = 20$ V，内阻 $R_0 = 180$ Ω，负载阻抗 $R_L = 5$Ω。（1）当等效电阻 $R_L' = R_0$ 时，求变压器的电压比及电源的输出功率。（2）求负载直接与电源联接时，电源的输出功率。

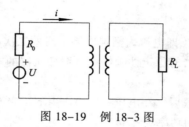

图 18-19 例 18-3 图

解：（1）变压器的电压比为

$$k = \frac{N_1}{N_2} = \sqrt{\frac{R_L^{'}}{R_L}} = \sqrt{\frac{180}{5}} = 6$$

电源输出功率为

$$P = \left(\frac{U_S}{R_0 + R_L^{'}}\right)^2 R_L^{'} = \left(\frac{20}{180+180}\right)^2 \times 180 = 0.55 \text{ W}$$

（2）当负载直接接在电源上时，输出功率为

$$P = \left(\frac{U_S}{R_0 + R_L}\right)^2 R_L = \left(\frac{20}{180+5}\right)^2 \times 5 = 0.058 \text{ W}$$

3. 变压器的使用

（1）变压器的外特性

运行中的变压器，当电源电压有效值 U_1 及负载功率因数 $\cos\varphi$ 为常数时，二次绕组输出电压有效值 U_2 随负载电流有效值 I_2 的变化关系可用曲线 $U_2=f(I_2)$ 来表示，该曲线称为变压器的外特性曲线（如图 18-20 所示）。图中表明，当负载为电阻性和电感性时，U_2 随 I_2 的增加而下降，且感性负载比阻性负载下降更明显；对于容性负载，U_2 随 I_2 的增加而上升。

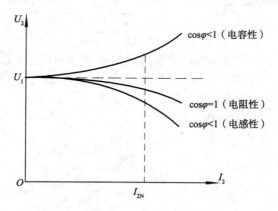

图 18-20 变压器的外特性曲线

我们还可用电压变化率 $\Delta U\%$ 来表示变压器二次侧电压随负载电流的变化。即

$$\Delta U\% = \frac{U_{2N} - U_2}{U_{2N}} \times 100\% \qquad\qquad (18-18)$$

式中：U_{2N} 为变压器二次额定电压，即空载电压；

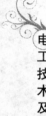

U_2 为当负载为额定负载（即电流为额定电流）时的二次电压。

电压变化率越小，变压器的稳定性越好。一般变压器的电压变化率约为 4%～6%。

（2）损耗与效率

当变压器二次绕阻接负载后，在电压 U_2 的作用下，有电流通过，负载吸收功率。对于单相变压器，负载吸收的有功功率为

$$P_2 = U_2 I_2 \cos\varphi_2 \qquad (18-19)$$

式中：$\cos\varphi_2$ 为负载的功率因数。这时一次绕组从电源吸收的有功功率为

$$P_1 = U_1 I_1 \cos\varphi_1 \qquad (18-20)$$

式中：φ_1 是 u_1 与 i_1 的相位差。

变压器从电源得到的有功功率 P_1 不会全部由负载吸收。因传输过程中有能量损耗，即铜损 ΔP_{Cu} 和铁损 ΔP_{Fe}。这些损耗均变为热量，使变压器温度升高。根据能量守恒定律

$$P_1 = P_2 + \Delta P_{Cu} + \Delta P_{Fe} \qquad (18-21)$$

则变压器的效率为

$$\eta = \frac{P_2}{P_1} \times 100\% = \frac{P_2}{P_2 + P_{Cu} + P_{Fe}} \times 100\% \qquad (18-22)$$

变压器的效率很高，对于大容量的变压器，其效率一般可达 95%～99%。

（3）主要额定值

① 额定电压：一次额定电压指根据变压器的绝缘强度和允许发热而规定的一次绕组的正常工作电压；二次额定电压指一次绕组加额定电压时，二次绕组的开路电压。

② 额定电流：根据变压器的允许发热条件而规定的绕组长期工作允许通过的最大电流值。

③ 额定容量：指变压器在额定工作状态下，二次绕组的视在功率，单位为 kV·A。忽略变压器的损耗，额定容量为

$$S_N = \frac{U_{1N} I_{1N}}{1000} = \frac{U_{2N} I_{2N}}{1000} \qquad (18-23)$$

【例 18-4】有一台 50 kV·A，6600/230 V 的单相变压器供照明负载用电，测得铁损 ΔP_{Fe}=500 W，额定负载时铜损 ΔP_{cu}=1486 W，满载时副边电压为 220 V。求（1）额定电流 I_{1N}，I_{2N}；（2）电压变化率 $\Delta U\%$；（3）额定负载时的效率 η。

解：（1）根据 $S_N = I_{2N} \cdot U_{2N}$ 得

$$I_{2N} = \frac{S_N}{U_{2N}} = \frac{50000}{230} \text{A} = 217 \text{ A}$$

$$I_{1N} = \frac{I_{2N}}{k} = I_{2N} \cdot \frac{U_{2N}}{U_{1N}} = 217 \times \frac{230}{6600} \text{A} = 7.56 \text{ A}$$

（2）
$$\Delta U\% = \frac{U_{2N} - U_2}{U_{2N}} \times 100\% = \frac{230 - 220}{230} \times 100\% \approx 4.3\%$$

（3）根据（18-19）式得

$$P_2 = I_{2N} U_{2N} \cos\varphi_2 = 217 \times 220 \text{ W} = 4\,7740 \text{ W}$$

根据式（18-22）得

$$\eta = \frac{P_2}{P_1} \times 100\% = \frac{P_2}{P_2 + P_{Cu} + P_{Fe}} \times 100\%$$
$$= \frac{47740}{47740 + 1486 + 500} \times 100\% = 96\%$$

四、电力变压器

应用于电力系统变配电的变压器称为电力变压器,三相变压器是电力系统的重要设备,本节主要介绍三相变压器。

1. 电力变压器的结构

前面讲过,在电力上常利用变压器进行电压变换,将低电压变换成高电压进行远距离传输,以便减少线路损耗和提高传输效率。对于三相电源进行电压变换,可用三台单相变压器组成的三相变压器组,或用一台三相变压器来完成。基本结构(见图 18-20)与单向变压器相似,闭合的铁心上共有六个线圈,三个一次绕组(高压绕组),分别记为 AX、BY、CZ;另三个为二次绕组(低压绕组),分别记为 ax、by、cz。AX、ax 称为 A 相绕组,BY、by 称为 B 相绕组,CZ、cz 称为 C 相绕组。A(a)、B(b)、C(c)称为首端,其余称为末端。

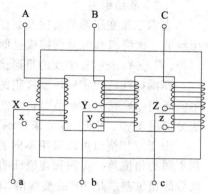

图 18-20　三相变压器基本构造

三相变压器在电力系统中主要用作传输电能,故它的容量较大。一般大容量电力变压器的铁心和绕组都要浸入装满变压器油的油箱中,以改善其散热条件。除此之外,变压器还设有储油柜、安全气道和气体继电器等一些其他附件。

2. 电力变压器的主要参数

使用变压器时,必须掌握其铭牌上的技术数据。图 18-21 是一台三相电力变压器的铭牌。变压器铭牌上一般注明下列内容:型号、联接组别、容量、使用条件、冷却方式、电压等级等。

图 18-21　变压器铭牌

(1)型号

由字母和数字组成,字母表示的意义如下:

S 表示三相,D 表示单相,K 表示防,F 表示风冷等。例如变压器型号为 S9 - 500/10,其中 S9 表示三相变压器的系列,它是我国统一设计的高效节能变压器;500 表示变压器容量,单位为千伏安(kV·A);10 表示高压侧的电压,单位为千伏(kV)。

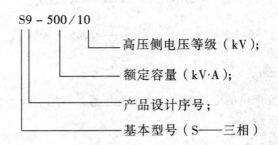

$$S9 - 500 / 10$$

- 高压侧电压等级（kV）；
- 额定容量（kV·A）；
- 产品设计序号；
- 基本型号（S——三相）

（2）联结组别

表示三相变压器的接法及高低压绕组线电压之间的相位关系。三相变压器或三个单相变压器的一次绕组都可分别接成星形或三角形。实际上变压器常用的接法有 Y/Y₀、Y/△、Y₀/△ 三种，符号 Y₀ 表示有中线的星形接法，分子表示高压绕组的接法，分母表示低压绕组的接法。

新的标注法规定变压器绕组的连接方法表示如下：用大写字母表示高压侧，小写字母表示低压侧。Y 或 y 表示星形联结，D 或 d 表示三角形联结，N 或 n 表示接中线。上述三种接法分别用 Y,yn、Y,d、Y$_N$,d 来表示。

由于三相绕组可以采用不同的连接，使得三相变压器一次、二次绕组中的线电动势会出现不同的相位差，实践和理论证明：对于三相绕相，无论采用什么连接法，一次、二次线电动势的相位差总是 30º 的整数倍。因此，采用时钟盘面上的 12 个数字来表示这种相位差是很简明的。

具体表示方法是：把高压边线电动势矢量作为时钟的长针，总是指着"12"，而把低压边线电动势矢量作为短针，它指的数字与 12 之间的角度就表示高、低压边线电动势矢量之间的相位差。这个"短针"指的数字称为三相变压器联接组的标号（联接组是按一次、二次线电动势的相位关系把变压器绕组的连接分成各种不同连接类型）。常用的联结组有 Y,yn0、Y,d11、D,yn11 等。其中 Y,yn0 表示高压侧星形联结、低压侧星形联结且有中线，"0"表示高、低侧电动势是同相的。"11"表示低压侧线电动势超前于高压侧线电动势 30º。

（3）额定电压

变压器铭牌上有两个额定电压，即一次额定电压和二次额定电压。

一次额定电压 U_{1N} 是指一次侧绕组的正常工作电压，它是根据变压器的绝缘强度和允许的发热条件规定的。二次额定电压 U_{2N} 是指一次侧加上额定电压后二次空载电压。对于三相变压器，额定电压均指线电压。

（4）额定电流

额定电流是指根据变压器允许的发热条件而规定的允许其绕组长期通过的最大电流值，使用时变压器的电流不应超过额定值。对于三相变压器，额定电流均指线电流。

（5）额定容量

指变压器在额定工作状态下，二次绕组的视在功率，它反映变压器正常运行时可能传输的最大电功率。单位为 kV·A 或 MV·A。忽略损耗，三相变压器的额定容量可表示为

$$S_N = \frac{\sqrt{3}U_{2N}I_{2N}}{1000} \tag{18-24}$$

式中：U_{1N}、U_{2N} 及 I_{1N}、I_{2N} 为一次、二次额定线电压、线电流。

（6）额定频率

变压器额定运行时，一次绕组外加电压的频率。我国的标准工频为 50 Hz。

（7）阻抗压降

将二次侧短路并使二次电流达到额定值 I_{2N} 时，一次侧（高压边）应加的电压值。用额定电压 U_{1N} 的百分比表示，中、小型电力变压器约为 4%～10.5%。

（8）使用条件

一般分为户内式和户外式。

在变压器的一次侧设有调压开关，一般只能在断电的情况下调整，若变压器距前一级变电站很近，供电电压偏高，可调至Ⅰ挡；若变压器距前一级变电站很远，供电电压偏低，可调至Ⅲ挡；正常条件下一般置于Ⅱ挡。总之，通过必要的调整，保证二次侧输出电压为额定值 400 V。

此外，还有冷却方式、允许温升等项内容。1000kV·A 以上的变压器铭牌上还标有空载电流、空载损耗及短路损耗等数据。

3. 变压器的运行和维护

变压器并行运行，在国民经济建设中有着重要的意义。可提高供电的可靠性，当某台变压器出现故障时，重要用户可以不中断供电，还可减少初期的投资；并且当负载减少时，可断开某些变压器，提高供电效率和功率因数。

变压器的并行运行必须满足额定电压相同，即变压比相等；相序必须一致；短路压降（阻抗压降）必须相等；同时联结组别必须相同等条件。否则，变压器容量不能充分发挥，甚至不能投入并联运行，严重时将会使变压器烧毁。

五、特殊变压器

1. 自耦变压器

自耦变压器的结构特点是二次绕组是一次绕组的一部分，而且一次、二次绕组不但有磁的耦合，还有电的联系，上述变压、变流和变阻抗关系都适用于它，如图 18-22 所示可得

$$k_Z = \frac{U_1}{U_2} = \frac{N_1}{N_2} = \frac{I_2}{I_1} \tag{18-25}$$

式中：U_1、I_1 为一次绕组的电压和电流有效值，U_2、I_2 为二次绕组的电压和电流有效值，k_Z 为自耦变压器的电压比。

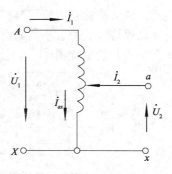

图 18-22　自耦变压器

实验室中常用的调压器就是一种可改变二次绕组匝数的特殊自耦变压器，它可以均匀地改变输出电压。图 18-23 为单相自耦调压器的外形和原理电路图。除了单相自耦调压器之外，

还有三相自耦调压器。

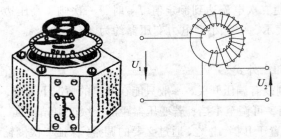

图 18-23　自耦调压器外形和原理电路图

使用自耦调压器时应注意：

① 输入端应接交流电源，输出端接负载，不能接错，否则，有可能将变压器烧坏；使用完毕后，手柄应退回零位。

② 由于高、低压侧电路有电的联系，如果高压侧有电气故障，会影响到低压侧，所以高、低压侧应为同一绝缘等级。

③ 安全操作规程中规定，自耦变压器不能作为安全变压器使用。这是因为自耦变压器的高、低压侧电路有电的联系，万一接错线路，就可能引发触电事故。

2. 电焊变压器

电弧焊是设备制造、维修最常用的焊接方法。常常采用交流弧焊机进行电弧焊。电焊变压器是交流弧焊机的主要组成部分，它是一种双绕组降压变压器，它的基本原理与普通变压器相同。

电弧焊的基本原理是在焊条与工件之间燃起电弧，用电弧的高温使金属熔化进行焊接。因此对电焊变压器的要求是：空载时应有足够的引弧电压（约 60~75V），以保证电极间产生电弧。有载时，二次电压应迅速下降，当焊条与焊件间产生电弧并稳定燃烧时，维持电弧的工作电压，一般为 25~35V。短路时（焊条与工件相碰瞬间），短路电流不能过大，以免损坏焊机。另外，为了适应不同的焊件和不同规格的焊条，焊接电流的大小要能够调节。

电焊变压器的结构具有以下特点：电焊变压器的二次绕组与一个可变的铁心电抗器串联，电抗器的铁心有较大的空气隙，调节螺栓是用来调节空气隙的距离，改变电抗器空气隙的长度就可改变它的电抗，从而控制焊接电流的大小。如空气隙增大，电抗器的感抗随之减小，电流就随之增大。图 18-24 所示为它的原理图。

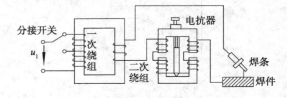

图 18-24　电焊变压器的原理图

为了调节引弧电压，一次绕组配备分接出头，并用一分接开关来调节二次空载电压。一次、二次绕组分装在两个铁心柱上，使绕组有较大的漏磁通，漏磁通只与各绕组自身交链，它在绕组中产生的自感电动势起着减弱电流的作用，因此可用一个漏电抗来反映这种作用，它与绕组本身的的电阻合称为漏阻抗。漏磁通越大，该绕组本身的漏抗就越大，漏阻抗也就越大。

对负载来说，二次绕组相当于电源，那么二次绕组本身的漏阻抗就相当于电源的内部阻抗，漏阻抗大就是电源的内阻抗大，会使变压器的外特性曲线变陡，即二次端电压 U_2 将随电流 I_2 的增大而迅速下降。这样，就满足了有载时二次电压迅速下降以及短路瞬间短路电流不致过大的要求。

3. 脉冲变压器

脉冲变压器是用以传输脉冲功率和传递脉冲信号的一种信号变压器，是脉冲放大器的基本元件之一。其基本构造和基本工作原理与普通变压器相同。在脉冲放大器中主要用它作级间耦合及功放级与负载间的耦合，以实现阻抗匹配，变换极性等。常用的一种环形铁心的脉冲变压器如图 18-25 所示。

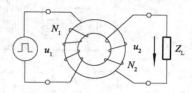

图 18-25　脉冲变压器

由于它在脉冲状态下工作，为了减小传输畸变、减小损耗和提高效率，因此在材料选择、制造工艺上都比普通变压器要求高。对于同一种铁心材料来说，工作在脉冲状态下的铁心损耗要大大高于工作在工频下的脉冲损耗，激磁电感明显下降，空载电流相应增大，因此，脉冲变压器的铁心一般采用的是高频下磁导率高的磁性材料——坡莫合金或铁氧体，这样可以大大减小铁心损耗，由于铁氧体的导电性能属半导体，电阻率大，铁心损耗较小，空载电流较小，传输效率得到了大大提高。

4. 电压互感器

电压互感器是一个单相双绕组变压器，它的一次绕组匝数较多，二次绕组匝数相对较少，类似于一台降压变压器。主要用于测量高电压。其一次绕组与被测电路并联，二次绕组与交流电压表并联，如图 18-26 所示。电压互感器一次、二次电压关系为

$$U_1 = \frac{N_1}{N_2} U_2 = K_u U_2 \qquad (18-26)$$

式中：K_u 为变压比。电压互感器二次侧的额定电压一般为 100 V。

使用电压互感器时应注意：

① 二次绕组不允许短路，否则会烧毁互感器；

② 二次绕组一端与铁心必须可靠接地。

5. 电流互感器

电流互感器是一个单相双绕组变压器，它的一次匝数很少而二次匝数相对较多，类似于一台升压变压器。主要用于测量大电流。其一次侧与被测电路串联，二次侧与交流电流表串联，如图 18-27 所示。

电流互感器一次、二次电流关系为

$$I_1 = \frac{N_2}{N_1} I_2 = K_i I_2 \qquad (18-27)$$

式中：K_i 为变流比。电流互感器二次额定电流一般为 5 A。

使用电流互感器时应注意：

① 二次绕组不能开路，否则会产生高压，严重时烧毁互感器；

② 二次绕组一端与铁心必须可靠接地。

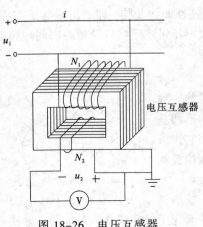

图 18-26 电压互感器

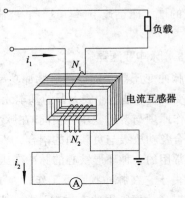

图 18-27 电流互感器

6. 钳形电流表

钳形电流表是电流互感器的一种变形。它的铁心如同一钳子，用弹簧压紧。测量时将钳压开而引入被测导线。这时该导线就是一次绕组，二次绕组绕在铁心上并与电流表接通。利用钳形电流表可以随时随地测量线路中的电流，不必像普通电流互感器那样必须固定在一处或者在测量时要断开电路而将原绕组串接进去。钳形电流表的原理图如图 18-28 所示。

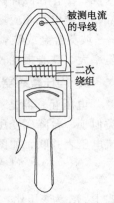

图 18-28 钳形电流表

任务实施

一、相关器材

① 单相自耦调压器（0~250 V），1 台；

② 单相变压器（220/17.5 V），1 台；

③ 交流电压表或万用表，1 只；

④ 交流电流表，1 只；

⑤ 单相功率表，1 只。

二、相关知识

① 测变压器变比：$K=U_1/U_2$。

② 变压器空载，测取变压器的空载特性：$U_0 = f(I_0)$，$P = f(U_0)$。

③ 变压器短路，测取变压器的短路特性：$U_1 = f(I_1)$，$P_1 = f(I_1)$。

三、操作步骤

1. 空载实验

① 空载实验在高压侧进行，即低压端接电源，高压端开路。

② 按图 18-29 接线，经检查无误后方可闭合电源开关。

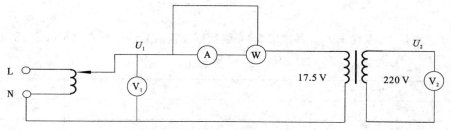

图 18-29　变压器空载实验接线图

③ 调节调压器电压，观察实验台上仪表 U_2，逐渐升高到变压器额定电压的 50%U_N（U_N =17.5 V）。

④ 读取变压器 U_2，及 U_1 值，并作好记录，计算出变压器的变比 K（$K=U_1/U_2$）。

⑤ 继续逐渐升高电压至 $1.2U_N$，然后逐渐降低电压，每次测量空载电压 U_0，空载电流 I_0 及空载损耗 P_0（单相功率），在 $0.3U_N \sim 1.2U_N$ 范围内，共读取 6～7 组数据，记入表 18-1 中（注意：U_N 点最好测出）。

表 18-1　记录表

数据 序号	实验数据			计算数据		
	U_0/V	I_0/A	P_0/W	K_u	K_i	$\cos\varphi_0$
1						
2						
3						
4						
5						
6						

表中：$K_u = U_0/U_N$；$K_i = I_0/I_N$；$\cos\varphi_0 = P_0/U_0 * I_0$。（$U_N$ =17.5 V；I_N = 1.3 A）。

2. 短路实验

按图 18-30 接线，短路实验一般在低压边进行，即高压端经调压器接电源，低压端直接短路。

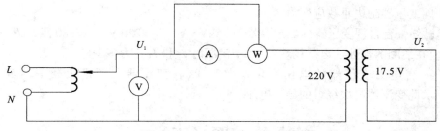

图 18-30　变压器短路实验接线图

为避免出现过大的短路电流，在接通电源之前，必须先将调压器调至输出电压为零的位置，然后合上电源开关，稍加一低电压，检查各仪表正常后，监视电流表，缓慢地逐渐增加电压，使短路电流升高至 $1.1I_N$ 左右，然后逐次降低电压，使电流降至 $0.5I_N$，在（0.5～1.1）I_N 范围内

测量电流 I_1、电压 U_K 及功率 P_1，共读取 5～6 组数据，包括 I_N 点，将数据记入表 18–2。

表 18–2　室温/℃

序号	U_1/V	I_1/A	P_1/W	$\cos\phi_1$
1				
2				
3				
4				
5				
6				

四、注意事项

① 空载实验在升压过程中，要单方向调节，避免磁滞现象带来的影响。

② 不要带电连接，有问题要首先切断电源，再进行操作。

③ 短路实验应尽快进行，否则绕组过热，绕组电阻增大，会带来测量误差。

思考与练习

18.1　软磁材料和硬磁材料有什么不同？变压器和电机的铁心为什么不用硬磁材料制作？

18.2　在制作电机和变压器的铁心时，为什么要尽量减小空气隙？

18.3　若将交流铁心线圈接到与其额定电压相等的直流电源上，或将直流铁心线圈接在有效值与其额定电压相同的交流电源上，各会产生什么问题？为什么？

18.4　直流电磁铁的铁心和交流电磁铁的铁心有何区别？为什么？

18.5　交流铁心线圈的功率损耗包括哪些？直流铁心线圈中为什么没有铁损耗？

18.6　一台 220/110 V 的变压器，原来匝数比为 5 000 匝/2 500 匝，今为节省铜线，改用 2 匝/1 匝。这样做是否可行？为什么？

18.7　已知某收音机输出变压器的原边接有一个阻抗为 16 Ω 的扬声器，现要改换成 4 Ω 的扬声器，问变压器副边匝数应变为多少？

18.8　已知一台自耦变压器的额定容量为 15kV·A，U_{1N}=220 V，N_1=880 匝，U_{2N}=200 V，试求（1）应在线圈的何处抽出一线端？（2）满载时 I_1 和 I_2 各为多少？

18.9　一台电力变压器的电压变化率 ΔU=3%，变压器在额定负载下的输出电压 U_2=220 V，求此变压器二次绕组的额定电压。

综合练习题（五）

5–1　互感线圈的同名端仅与两线圈的绕向及相对位置有关，而与电流的参考方向无关，这个说法是否正确。

5–2　如综合练习图 5–1 所示，当 i_1 按图示方向流动且不断增大时，i_2 的实际方向如图所示是否正确。

5-3 综合练习图 5-2 所示电路中 $\dfrac{\mathrm{d}i_1}{\mathrm{d}t}=0$、$\dfrac{\mathrm{d}i_2}{\mathrm{d}t}\neq0$，则 u_1 为多少？

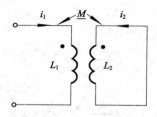
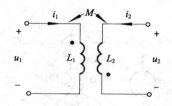

综合练习图 5-1 习题 5-2 图　　　　　综合练习图 5-2　习题 5-3 图

5-4 求综合练习图 5-3 电路互感线圈的伏安关系。

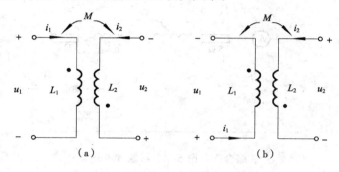

综合练习图 5-3　题 5-4 图

5-5 电路如综合练习图 5-4 所示，已知 $L_1=6\text{ H}$，$L_2=3\text{ H}$，$M=2\text{ H}$，则 ab 两端的等效电感为多少？

5-6 将综合练习图 5-5（a）所示具有公共端的耦合电路化为综合练习图 5-5（b）所示的去耦等效电路的条件是什么？

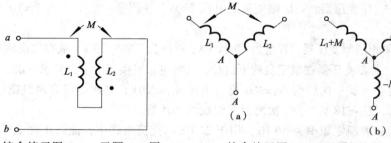

综合练习图 5-4 习题 5-5 图　　　　　综合练习图 5-5　习题 5-6 图

5-7 电路如综合练习图 5-6 所示，耦合因数 $k=1$，$\dot{I}_S=1\angle0°\text{A}$，则 $\dot{U}_1$ 与 $\dot{U}_2$ 分别为多少？

5-8 综合练习图 5-7 所示电路，已知 $L_1=0.1\text{H}$，$L_2=0.2\text{H}$，$M=0.1\text{H}$，$R_1=5\Omega$，$R_2=10\Omega$，$C=2\ \mu\text{F}$，试求顺接串联与反接串联两种情况下电路的谐振角频率 ω_0 和品质因数 Q。

5-9 如综合练习图 5-8 所示电路。已知 $u=20\sqrt{2}\sin(1000t+60°)\text{V}$，当 $C=1.25\ \mu\text{F}$ 时，图中电流表的读数最大；求：（1）互感 M；（2）回路的品质因数 Q；（3）电容上的电压的最大值 $C_{\max}$。

5-10 在由铁磁材料和空气隙组成的磁路中，铁磁材料的平均长度远远大于空气隙的平均长度，你认为是铁磁材料上的磁动势大还是空气隙上的磁动势大？为什么？

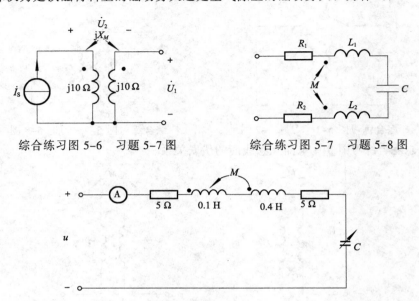

综合练习图 5-6　习题 5-7 图　　　　综合练习图 5-7　习题 5-8 图

综合练习图 5-8　习题 5-9 图

5-11　一台变压器的绕组误接到数值为额定电压的直流电源上，它能否变压？会产生什么后果？

5-12　有一线圈，其匝数 $N=1000$，绕在由铸钢制成的闭合铁心上，铁心的截面积 $S_{Fe}=200\ cm^2$，铁心的平均长度 $l_{Fe}=50\ cm$。如要在铁心中产生磁通 $\Phi=0.002\ Wb$，试问线圈中应通入多大直流电流？

5-13　有一空载变压器，一次侧加额定电压 220V，并测得一次绕组电 $R_1=10\ \Omega$，问一次电流为多少？

5-14　有一单相照明变压器，容量为 10 kV·A，电压为 3300/220 V。欲在二次侧接上 60 W、220 V 的白炽灯，若要变压器在额定负载下运行，这种电灯可接多少个？并求一次、二次电流。

5-15　一台变压器一次绕组 $N_1=360$ 匝，电压 $U_1=220V$，二次绕组有两组绕组，其电压分别为 $U_{12}=55\ V$，$U_{22}=18\ V$。求二次绕组两组绕组的匝数。

5-16　变压器的额定频率为 50 Hz，用于 25 Hz 的交流电路中，能否正常工作？

5-17　一台三相变压器，它的额定容量为 50 kV·A，一次、二次额定电压为 $U_{1N}/U_{2N}=10/0.4\ kV$，Y/Y 联结，试计算一次、二次额定电流；若 Y/△ 联结，其一次、二次额定电压和额定电流各为多少？

参 考 文 献

[1] 邱关源. 电路[M]. 3 版. 北京：高等教育出版社，1989.

[2] 秦曾煌. 电工学（上册）[M]. 4 版. 北京：高等教育出版社，1990.

[3] 曹建林. 电工学[M]. 北京：高等教育出版社，2004.

[4] 张中洲. 电路技术基础[M]. 重庆：重庆大学出版社，2000.

[5] 丁承浩. 电工学[M]. 北京：机械工业出版社，1999.

[6] 戴玉东. 电工技术[M]. 北京：化学工业出版社，2005.

[7] 邱敏. 电工电子技术与实训[M]. 北京：中国轻工业出版社，2005.

[8] 林平勇. 电工电子技术（少学时）[M]. 北京：高等教育出版社，2003.

[9] 戴裕崴. 电工电子技术基础[M]. 2 版. 大连：大连理工大学出版社，2010.

[10] 王文槿. 电工技术[M]. 北京：高等教育出版社，2005.

[11] 陈小虎. 电工电子技术（多学时）[M]. 北京：高等教育出版社，2003.

[12] 李忠波. 电工技术[M]. 北京：机械工业出版社，1997.

[13] 刘蕴陶. 电工电子技术[M]. 北京：高等教育出版社，2005.

[14] 希时达. 电工技术[M]. 3 版. 北京：高等教育出版社，2007.